30天精学 Excel

从菜鸟到数据分析高手

金 桥　周奎奎◎编著

U0277240

人民邮电出版社

北 京

图书在版编目（CIP）数据

30天精学Excel：从菜鸟到数据分析高手 / 金桥，
周奎奎编著. -- 北京：人民邮电出版社，2020.11
ISBN 978-7-115-54480-3

Ⅰ. ①3… Ⅱ. ①金… ②周… Ⅲ. ①表处理软件
Ⅳ. ①TP391.13

中国版本图书馆CIP数据核字(2020)第133463号

内 容 提 要

本书以解决实际工作中的常见问题为导向，以大量实际工作经验为基础，介绍 Excel 中常用、实用的功能，帮助读者经过 30 天时间脱离"菜鸟"行列。

本书共 9 章，第 1 章介绍 Excel 中常见的简单但实用性较强的技巧；第 2 章介绍学习 Excel 必须练好的基本功；第 3 章介绍单元格数据整理，整理凌乱的数据，可以使数据更规范；第 4 章介绍通配符与查找替换功能，这些功能的结合运用，可以批量处理不规范的数据；第 5 章介绍数据的安全保护与多表数据快速汇总，保护数据的安全可以减少损失；汇总可以将数据快速整合到一张表格中；第 6 章介绍高效数据管理，使用正确的方法，可以提升数据输入效率，避免输入错误数据；第 7 章介绍高效数据分析必备技能——函数，详细介绍了常用函数的使用方法，以帮助读者解决办公中遇到的问题；第 8 章介绍高效数据分析神器——数据透视表，熟练掌握数据透视表可以在处理大量数据时提高效率；第 9 章详细介绍了 3 个真实的工作案例，以巩固前面学习的内容。

本书内文附有二维码，扫描二维码即可观看教学视频，真正做到让读者拿着手机看操作步骤、看技巧，拿着书本学高手理念。

本书不仅适合初学者使用，还适合有一定 Excel 基础并想快速提升 Excel 技能的读者学习使用，也可以作为广大职业院校及计算机办公培训课程的教学参考用书。

◆ 编　著　金　桥　周奎奎

　　责任编辑　马雪伶

　　责任印制　马振武

◆ 人民邮电出版社出版发行　　北京市丰台区成寿寺路 11 号

　　邮编　100164　　电子邮件　315@ptpress.com.cn

　　网址　https://www.ptpress.com.cn

　　北京九州迅驰传媒文化有限公司印刷

◆ 开本：700×1000　1/16

　　印张：16　　　　　　　　　　2020 年 11 月第 1 版

　　字数：295 千字　　　　　　　2025 年 3 月北京第 22 次印刷

定价：69.00 元

读者服务热线：(010)81055410　印装质量热线：(010)81055316
反盗版热线：(010)81055315

前　言

◆ **写作初衷**

Excel是办公中常用的工具，如果让人拿着一本厚厚的Excel 2019参考书学习Excel，学习过程既漫长又辛苦，还不能将知识快速应用于工作实践。

如果有一本既囊括了Excel 2019重点知识，又介绍了大量常用操作的Excel参考书，不仅可以节约大量的学习时间，还能让读者在工作中快速上手，提高工作效率。为此，作者总结了自己多年的Excel实际工作经验，编写了这本《30天精学Excel——从菜鸟到数据分析高手》，希望能帮助读者学会使用Excel，摆脱Excel"菜鸟"的称号。

◆ **本书学习时间安排**

读者根据每章的内容、难度及重要程度，合理安排学习时间，不仅能把知识掌握得更透彻，还能达到事半功倍的效果。建议学习时间安排如下表所示。

章编号	学习时间	章编号	学习时间
第1章	2天	第6章	1天
第2章	2天	第7章	12天
第3章	2天	第8章	4天
第4章	2天	第9章	3天
第5章	2天		

◆ **本书特色**

• **零基础、入门级的讲解**

无论读者从事哪个行业，是否使用过Excel 2019，都能从本书中找到适合自己的起点。本书由浅入深的讲解可以帮助读者快速掌握Excel的使用方法。

• **精心排版，实用至上**

本书为彩色印刷，既美观大方，又能够突出重点、难点。本书精心编排的内容能够帮助读者触类旁通，深入理解所学知识。

• **实例为主，图文并茂**

书中每个知识点均以实际应用为出发点，用实例辅助讲解，每个操作步骤均配有对应的插图以加深认识。这种图文并茂的方式能够使读者在学习过程中直观、清晰地看到操作过程和效果，便于读者深刻理解并掌握相关知识。

• **高手指导，扩展学习**

本书在多章末尾处以"本章回顾"的形式为读者提炼了本章重点内容；以"作者寄

语"的形式为读者介绍了作者的实际工作经验及体会。

• 扫码学习，高效方便

本书配套的视频教程与书中内容紧密结合，读者可以通过扫描书中的二维码，在手机上观看视频，随时随地学习。

◆ 6小时同步视频教程

配套视频教程涵盖了本书的重要知识点，详细讲解了典型实例的操作过程和关键要点，可以帮助读者轻松掌握书中介绍的操作方法和技巧。

◆ 教学资源获取方式

扫描下方的二维码，关注公众号，回复54480即可获取本书配套教学资源下载方式。也可以加入QQ群（群号：602567899），下载资源，交流学习。

◆ 150元课程优惠券获取方法

关注Excel Home官方微信公众号"iexcelhome"，回复"30天精学"，即有机会获得总额150元的课程优惠券，Excel Home数十门精品课程等你开启。

◆ 创作团队

本书由金桥、周奎奎编著，在编写过程中，作者竭尽所能地将相关知识呈现给读者，但难免有疏漏和不妥之处，敬请广大读者指正。若读者在阅读本书的过程中产生疑问或有任何建议，可发送电子邮件至maxueling@ptpress.com.cn。

目 录

第8章　高效数据分析神器——数据透视表

第9章 真实案例

第 1 章

不告诉你，你或许一辈子都不知道的实用技巧

本章主要介绍一些 Excel 的实用技巧，这些技巧虽然操作简单，一学就会，但实用性强，属于那种"不告诉你，你或许一辈子都不知道"的知识。

1.1 "专业范儿"爆棚的斜线表头

处理表格时，表头的一个单元格中需要显示斜线，以分割不同的标题内容，这样整个表格看起来不仅专业，而且更加美观。如何制作出这种"专业范儿"爆棚的斜线表头呢？

1.1.1 绘制单斜线表头

Excel提供了一种画斜线的方法，就是在单元格的两个对角之间画斜线，可以使用【设置单元格格式】对话框添加单斜线表头。

01 打开"素材\ch01\1.1.xlsx"文件，选择A1单元格，可以看到其中包含"项目名称""日期"2个标题，如果要添加斜线表头，首先需要使文本"日期"显示在"项目名称"下方，可以将输入光标放置在文本"日期"前。

02 按【Alt+Enter】组合键强制换行，适当调整A1单元格的行高，即可看到文本"日期"显示在"项目名称"下方。

> **TIPS**
>
> 在 Word 中，我们想另起一行时会直接按【Enter】键，但在 Excel 中如果这样操作，则当前光标会"跌落"到下一行，例如选择 A1 单元格后，若直接按【Enter】键，光标会从 A1 单元格移至 A2 单元格。所以在 Excel 的单元格中换行时，要按【Alt+Enter】组合键，我称之为"强制换行"组合键，顾名思义，就是强制 Excel 在当前单元格中换行，效果就是当前单元格中的文本由 1 行变成 2 行。

03 如果2行之间的空白区域太少，可以将输入光标放在文本"项目名称"后，多次按【Alt+Enter】组合键强制换行，即可添加多个换行符。

04 在文本"项目名称"前输入空格，将其向右移动。

05 这时就可以绘制斜线了，选择A1单元格，单击鼠标右键，在弹出的快捷菜单中选择【设置单元格格式】命令。

TIPS

设置单元格格式是常用的操作，执行该命令的快捷键是【Ctrl+1】组合键。

06 打开【设置单元格格式】对话框，选择【边框】选项卡，在其中可以选择线条样式、线条颜色以及应用的边框类型。在【样式】列表框中选择线条样式，在【颜色】下拉列表中选择"红色"，在【边框】区域单击斜线按钮，单击【确定】按钮。

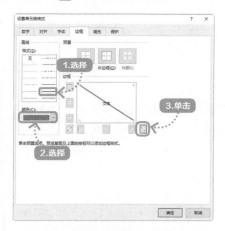

TIPS

学习任何一个知识点，一定要学习其内在逻辑。我们当前的目的是在单元格内插入一条斜线，Excel的设计者是按这样的逻辑来实现这个过程的——你想插入哪种形状的线条？你插入的线条的颜色是什么？你插入的线条是斜线还是边框线？也就是说，在【边框】选项卡下，需遵循【样式】【颜色】【边框】的先后顺序。

07 可以看到添加单斜线表头后的效果。

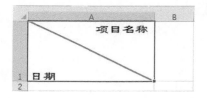

1.1.2　绘制双斜线表头

如果需要绘制双斜线表头，是无法直接添加斜线的，可以通过插入自选图形实现。

01 首先取消上一小节创建的单斜线表头。选择A1单元格，按【Ctrl+1】组合键，打开【设置单元格格式】对话框，再次单击【边框】区域中的斜线按钮，即可取消斜线表头，单击【确定】按钮。

02 单击【插入】➡【插图】组➡【形状】➡【线条】区域➡【直线】按钮。

03 在A1单元格中从左上角向右侧绘制1条直线。

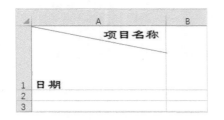

04 重复前面2步，再绘制1条直线，按住【Ctrl】键依次选择这2条直线，即可将2条直线同时选中。

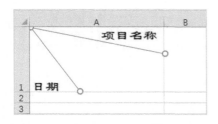

05 单击【绘图工具】➡【格式】➡【形状样式】组➡【形状轮廓】按钮的下拉按钮，在弹出的下拉列表中选择"黑色"。

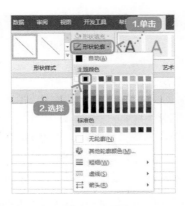

06 可以看到更改线条颜色后的效果。

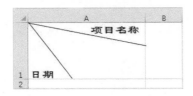

07 单击【插入】➡【文本】组➡【文本框】➡【绘制横排文本框】选项。

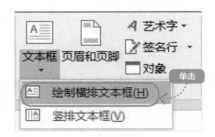

08 在A1单元格中绘制文本框，输入文本"进度"，并设置其字体样式。

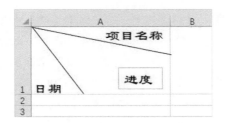

09 选择绘制的文本框，单击【绘图工具】➡【格式】➡【形状样式】组➡【形状轮廓】按钮的下拉按钮，在弹出的下拉列表中选择【无轮廓】选项。

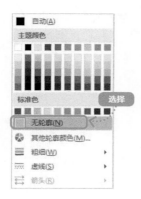

10 可以看到绘制的双斜线表头的效果。

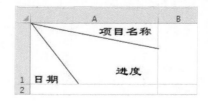

1.2 单元格的跨列居中和自动换行

制作表格时，为了不影响后续的数据处理与分析，可以使用跨列居中功能代替单元格合并功能；为了使单元格中的数据显示完整，可以设置单元格自动换行。

1.2.1 跨列居中

如果需要在多个单元格中居中显示一段内容，通常情况下是选择多个单元格（如选择A1:C1单元格区域）后，单击【开始】➔【对齐方式】组➔【合并后居中】按钮，将多个单元格合并，并居中显示内容。

这种操作会把选择的3个单元格真正合并。如果随便将单元格合并，可能会影响对表格中数据的统计，因为Excel的一些操作，如筛选、制作数据透视表等是不允许有合并单元格的。因此，最好不要将单元格合并。那么，怎样才能不合并单元格，又能让内容在3个单元格中居中显示呢？

01 打开"素材\ch01\1.2.xlsx"文件，选择A1:C1单元格区域，单击鼠标右键，在弹出的快捷菜单中选择【设置单元格格式】命令，也可以直接按【Ctrl+1】组合键。

02 打开【设置单元格格式】对话框，在【对齐】选项卡下单击【水平对齐】下方的下拉按钮，选择【跨列居中】选项。单击【确定】按钮。

03 这样可以在不合并单元格的情况下实现文本跨列居中显示。

1.2.2　自动换行

　　一个单元格（如A2）中的文本内容较多，文本会显示在右侧的单元格中，如果右侧的单元格（如A3）包含内容，则A2单元格中的内容就显示不完整。这时是希望单元格中的内容超出列宽或显示不完整，还是在单元格内实现自动换行呢？

01 选择A2单元格，按【Ctrl+1】组合键，即可打开【设置单元格格式】对话框。

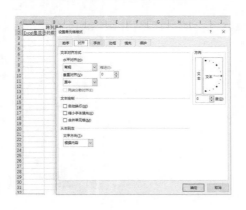

02 在【对齐】选项卡下单击【自动换行】复选框，单击【确定】按钮。

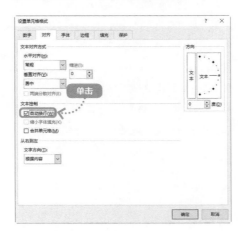

03 可以看到单元格中文本自动换行后的效果。

TIPS

设置自动换行后，在【设置单元格格式】对话框中取消选择【自动换行】复选框，即可取消自动换行。

在设置单元格自动换行之前，如果调整了单元格的行高，执行自动换行命令后，单元格中的内容会根据列宽换行，但单元格中的内容仍然会显示不完整，此时可以通过调整行高来显示所有内容。

此外，单击【开始】➔【对齐方式】组➔【自动换行】按钮也可以快速设置单元格内容的自动换行。

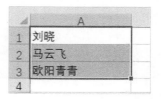

1.3 巧使2个字和3个字的名字对齐显示

在登记员工姓名时，最常见的麻烦就是员工姓名有2个字、3个字、4个字等，而我们希望姓名文本是两端对齐的，这样比较美观。这种情况下，常见的错误操作是在姓名中间加空格以保证姓名文本的两端对齐。但我们看起来是空白的空格，在Excel里，其"身份地位"和其他字符是一样的。加一个空格进去，就破坏了原始数据，这是绝对不允许的！

如何才能既不用加空格又能保证姓名文本两端对齐呢？

01 打开"素材\ch01\1.3.xlsx"文件，选择A1:A3单元格区域。

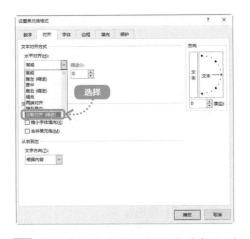

在 Excel 操作过程中要注意指向清晰，即要设置哪些区域，就要先选择此区域，接下来的操作即是针对选择的区域进行的。如果我们没有选择执行操作的目标区域，鼠标指针只是随机停留在某一个单元格上，"一脸茫然"的 Excel 将无法明白我们的意图，它会默认当前整个 Excel 表都是目标区域，这显然不是我们想要的。因此，请务必养成指向清晰的好习惯。

02 按【Ctrl+1】组合键，调出【设置单元格格式】对话框，单击【对齐】选项卡下【水平对齐】下方的下拉按钮，在弹出的下拉列表中选择【分散对齐（缩进）】选项，然后单击【确定】按钮。

03 单元格中名字的左端和右端都已对齐，效果如下图所示。

从显示效果上看，对齐之后，2 个字的名字中间有空白，如 A1 单元格中的"刘晓"，在这里要注意这个空白不是空格，只是分散对齐这一功能的显示效果。那么如何辨别文字中间的空白是空格还是显示效果呢？选择单元格，在编辑栏中可以看到名字中间有空白的就是添加了空格，如下左图所示；没有空白的就是显示效果，如下右图所示。

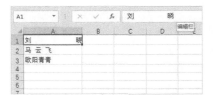 

在 Excel 单元格区域，你所看到的不一定是真实的内容，很可能是为了美观或方便读表而设置的显示效果，后期我们学习"条件格式""单元格数字自定义格式"这些内容时，都会遇到这种情况。只有在编辑栏中才能看到单元格内容的"真实面目"。为了形象记忆，我们可以把编辑栏称为"照妖镜"，在这里可以看见单元格内容的真实原形。

1.4 正确使用Excel视图，更高效更美观

Excel的界面是可以更改的，用户可以通过设置使其更符合自身的操作习惯，从而提高工作效率。

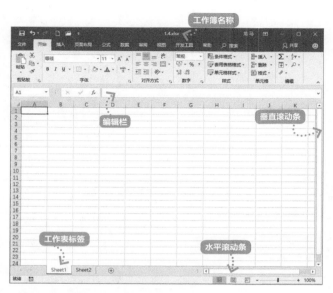

是否可以不显示滚动条和工作表标签呢？

01 打开"素材\ch01\1.4.xlsx"文件，选择【文件】选项卡，单击【选项】选项。

02 打开【Excel 选项】对话框，选择【高级】选项卡，在【此工作簿的显示选项】组中撤销选择【显示水平滚动条】复选框、

【显示垂直滚动条】复选框、【显示工作表标签】复选框，单击【确定】按钮。

TIPS

在【此工作表的显示选项】组中撤销选择【显示网格线】复选框，则可以不显示网格线。

03 这样可以不显示水平滚动条、垂直滚动条及工作表标签。

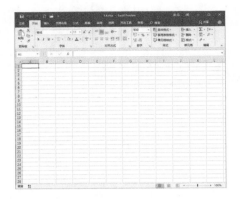

04 单击工作簿名称右侧的【功能区显示选项】按钮 ，在弹出的下拉列表中选择【自动隐藏功能区】选项。

05 这样可以将功能区全部隐藏，并且工作簿窗口会最大化显示。

06 再次在【功能区显示选项】下拉列表中选择【显示选项卡和命令】选项，即可恢复显示选项卡和命令。

07 如果只需要显示选项卡，可以在【功能区显示选项】下拉列表中选择【显示选项卡】选项，即可仅显示选项卡。

TIPS

如果要显示命令，在【功能区显示选项】下拉列表中选择【显示选项卡和命令】选项即可。

在Excel中有【视图】选项卡，其中包含了与视觉有关的操作选项。需要执行与视觉相关的操作时，就可以到【视图】选项卡下找相关的按钮。

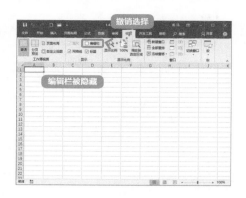

01 单击【视图】→【显示】组，撤销选择【编辑栏】复选框，即可取消编辑栏的显示。

02 撤销选择【网格线】复选框，即可不显示网格线，也就是不显示表格中灰色的边框线。

03 撤销选择【标题】复选框，即可不显示标题，这里的标题是指行号 "1、2、3……" 及列标 "A、B、C……"。

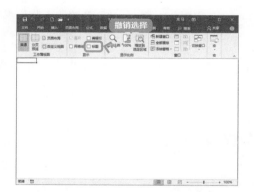

1.5 让表格的标题在滚动表格时一动不动

处理数据量较大的表格时，向下拖动滚动条，表格的标题栏就不见了，用户在查看数据时，需要来回拖动滚动条才能看到标题，那么是否可以将表格设置成无论怎样滚动表格，标题都始终显示呢？

1.5.1 冻结首行、首列

如果表格中的标题只有一行或一列，可以通过冻结首行或首列，让表格的标题始终显示在第一行或第一列。

01 打开 "素材\ch01\1.5.xlsx" 文件，单击【视图】→【窗口】组→【冻结窗格】按钮，在弹出的下拉列表中选择【冻结首行】选项。

02 这样就可以将表格的首行"冻住"，在拖动滚动条时，标题始终显示在第一行。

	A	B	C	D	E	F
1	日期	销售人员	城市	商品	销售量	销售额
20	2019/5/14	王学敏	郑州	空调	42	117600
21	2019/5/14	刘敬敏	沈阳	冰箱	19	49400
22	2019/5/15	刘敬敏	太原	空调	23	64400
23	2019/5/15	刘敬敏	北京	空调	31	86800
24	2019/5/15	王学敏	上海	空调	15	42000
25	2019/5/15	房天琦	南京	彩电	21	48300
26	2019/5/16	郝家泉	杭州	冰箱	30	78000
27	2019/5/16	房天琦	合肥	电脑	26	223600
28	2019/5/16	房天琦	天津	相机	38	140220
29	2019/5/16	郝家泉	武汉	空调	39	89700
30	2019/5/16	周德宇	沈阳	冰箱	29	75400
31	2019/5/16	周德宇	太原	彩电	21	48300
32	2019/5/16	周德宇	昆明	相机	13	111800
33	2019/5/17	王学敏	贵阳	相机	32	118080
34	2019/5/17	房天琦	天津	彩电	35	80500
35	2019/5/17	房天琦	北京	相机	31	114390

03 若要取消冻结，在【冻结窗格】按钮的下拉列表中选择【取消冻结窗格】选项即可。

04 使用相似的方法可冻结首列，在【冻结窗格】按钮的下拉列表中选择【冻结首列】选项。

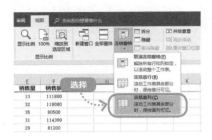

TIPS

有时候，我们想找一个操作选项，但无论如何也记不起它在哪个选项卡之下。如果你对 Excel 的呈现逻辑有一定了解，就很好解决这个问题。我们观察一下【视图】选项卡，其中的选项全都是与视觉效果有关的，比如【冻结窗格】，这显然是一个关于视觉效果的操作。循此逻辑，我们再观察一下【数据】选项卡，发现其下都是与单元格数据相关的选项。因此，当我们想进行某个操作的时候，可以先想一下，这个操作应该属于哪一种操作类型，然后去对应的选项卡下寻找，可极大节约时间。

学任何知识都要尝试领悟其背后的逻辑，最好是能领悟设计者的编排逻辑，因为对成年人来说，逻辑关联是最容易记住的，而机械记忆是成年人的弱项。

1.5.2　冻结拆分窗格

冻结拆分窗格不仅可以冻结首行和首列，还可以同时冻结多行和多列。如果我们现在既要求冻结首列，又要求冻结首行，该如何操作呢？

01 取消上一小节设置的冻结首行、首列，然后选择B2单元格，单击【视图】➔【窗口】组➔【冻结窗格】按钮，在弹出的下拉列表中选择【冻结拆分窗格】选项。

角为起始点，划出横向和纵向的冻结分割线，冻结的区域就是所选单元格所在行的左侧列和上方行，如选择的是 C5 单元格，执行【冻结拆分窗格】命令后，冻结的区域就是 A 列、B 列以及前 4 行的数据。

02 这样就可以同时冻结B2单元格的左侧列和上一行，即冻结首行和首列。

	A	B	C	D	E	F
1	日期	销售人员	城市	商品	销售量	销售额
2	2019/5/12	曹泽鑫	武汉	彩电	13	29900
3	2019/5/12	刘敏盈	沈阳	冰箱	27	70200
4	2019/5/12	周德宇	太原	电脑	40	344000
5	2019/5/12	周德宇	贵阳	相机	42	154980
6	2019/5/12	曹泽鑫	武汉	彩电	34	78200
7	2019/5/12	王腾宇	杭州	冰箱	24	62400
8	2019/5/12	周德宇	天津	彩电	32	73600
9	2019/5/13	王宇敏	郑州	电脑	13	111800
10	2019/5/13	周德宇	沈阳	相机	34	125460
11	2019/5/13	周德宇	武汉	彩电	20	46000
12	2019/5/13	周德宇	郑州	相机	43	158670
13	2019/5/13	房天琦	上海	空调	45	126000
14	2019/5/13	王腾宇	南京	彩电	34	95200
15	2019/5/13	刘敏盈	武汉	冰箱	16	41600
16	2019/5/13	郝家泉	杭州	彩电	23	52900

03 若要冻结前10行的数据，可以先取消上一步设置的冻结窗格，然后选择A11单元格，在【冻结窗格】下拉列表中选择【冻结拆分窗格】选项，即可将前10行的数据冻结。

	A	B	C	D	E	F
1	日期	销售人员	城市	商品	销售量	销售额
2	2019/5/12	曹泽鑫	武汉	彩电	13	29900
3	2019/5/12	刘敏盈	沈阳	冰箱	27	70200
4	2019/5/12	周德宇	太原	电脑	40	344000
5	2019/5/12	周德宇	贵阳	相机	42	154980
6	2019/5/12	曹泽鑫	武汉	彩电	34	78200
7	2019/5/12	王腾宇	杭州	冰箱	24	62400
8	2019/5/12	周德宇	天津	彩电	32	73600
9	2019/5/13	王宇敏	郑州	电脑	13	111800
10	2019/5/13	周德宇	沈阳	相机	34	125460
601	2019/7/21	房天琦	北京	冰箱	45	117000
602	2019/7/22	王宇敏	南京	空调	38	106400
603	2019/7/22	郝家泉	合肥	冰箱	47	122200
604	2019/7/22	曹泽鑫	天津	空调	14	39200
605	2019/7/22	周德宇	武汉	空调	25	70000
606	2019/7/22	房天琦	武汉	空调	38	106400
607	2019/7/23	郝家泉	贵阳	彩电	27	62100
608	2019/7/23	房天琦	天津	彩电	24	55200
609						

1.6 分屏比较数据

在Excel中，可以使用拆分功能在同一张表中比较数据，也可以通过新建窗口、全部重排在不同工作表间比较数据。

1.6.1 在同一张表格中分屏比较数据

有时我们需要对比不同区域的数据，如对比工作表中前后或左右区域的数据，这时就可以使用拆分功能。

01 打开"素材\ch01\1.6.xlsx"文件，选择"销售表"工作表，选择要分屏比较的位置，如选择第11行。

TIPS

如果要在第 10 行和第 11 行之间进行拆分，则需要选择第 11 行单元格区域。

02 单击【视图】➔【窗口】组➔【拆分】按钮。

03 可以在第 11 行上方添加一条灰色的水平粗线条，将屏幕分为上、下两部分。此时，上、下两部分可以单独显示不同的区域。如选择下方区域，向上拖动垂直滚动条，即可同时显示标题。单击上、下任意单元格，可以看到上、下两部分的单元格会被同时选择。

TIPS

分屏显示数据后，在任何一个屏幕上修改数据，上、下两部分的数据会同步修改，可以理解为一台主机安装了两台显示器。

04 如果对分屏线的位置不满意，将鼠标指针放置在分屏线上，按住鼠标左键，上下拖曳，可以调整分屏线的位置，方便对比上、下两部分的数据。

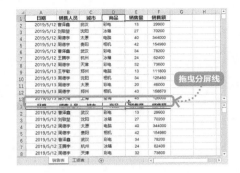

05 双击分屏线即可取消分屏。

06 选择要分屏的列，如选择 C 列，单击【视图】➔【窗口】组➔【拆分】按钮，即可在 C 列左侧添加竖直分屏线，此时即可对比左右两侧的数据。

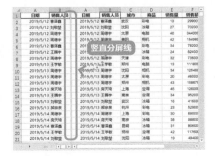

选择整行可以将工作表分为上、下两部分，也可以选择 A 列的单元格，如在 A11 单元格处实现上、下分屏。选择整列可以将工作表分为左、右两部分，如选择 C 列，执行【拆分】命令，工作表会在 B 列和 C 列之间实现左、右分屏。如果选择 D12 单元格会怎样呢？

07 如果要将屏幕分为4屏，可以任意选择非第1行、第1列的单元格，如D12单元格，单击【视图】➔【窗口】组➔【拆分】按钮，即可在D12单元格左上角添加一条水平及一条垂直分屏线，将工作表分为4部分。

此时，可以理解为一台主机带有 4 台显示器，它们之间不存在不同步的问题，修改任意部分的数据，其他部分会随之改变。在垂直和水平分屏线交叉的地方双击鼠标左键，即可取消分屏线，也可以再次单击【视图】➔【窗口】组➔【拆分】按钮取消分屏。

1.6.2　在2张表间比较数据

除了在同一张工作表中比较外，还可以在2张工作表间进行比较。在"1.6.xlsx"工作簿中，怎样将"销售表"和"工资表"在同一个屏幕中呈现呢？

01 在"1.6.xlsx"文件中，单击【视图】➔【窗口】组➔【新建窗口】按钮。

02 此时，创建一个名称为"1.6.xlsx:2"的工作簿，原工作簿名称更改为"1.6.xlsx:1"。

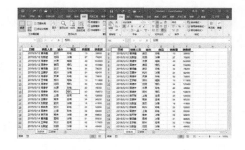

这里可以理解为当前的工作簿有 2 个显示窗口，再次单击【新建窗口】按钮，可以创建一个名称为"1.6.xlsx:3"的工作簿。

03 在任意工作簿中单击【视图】➜【窗口】组➜【全部重排】按钮。

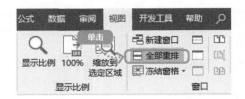

04 弹出【重排窗口】对话框，选择【平铺】单选项，单击【确定】按钮。

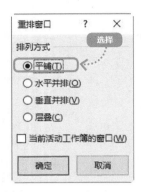

05 这样就可以在显示器中并排显示2个工作簿，将"1.6.xlsx:2"工作簿切换至"工资表"工作表，即可实现2个工作表之间的数据对比。

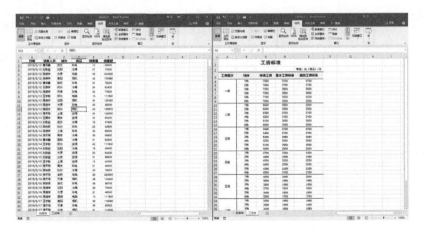

TIPS

此时在任一工作簿中修改数据，都不用担心同步的问题，因为它们就好比指向同一台主机的 2 台显示器，内容会自动同步。

06 单击【视图】➜【窗口】组➜【全部重排】按钮，在弹出的【重排窗口】对话框中选择【水平并排】单选项，单击【确定】按钮，即可一上一下地排列2个窗口。

关闭任意一个工作簿窗口，即可恢复正常显示状态。

本章回顾

本章主要介绍Excel的实用技巧，这些技巧在实际工作中的使用频率较高，看似简单却又鲜为人知。如果你长期使用"土方法"解决类似问题，那么本章的内容会让你眼前一亮。

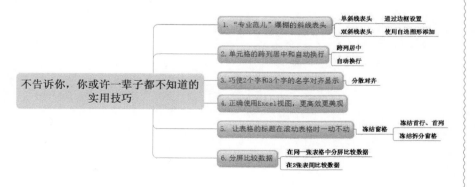

作者寄语

• Excel基础学习的重要性

成功是激情之母。人生之所以没有激情，是因为成功（或者说被认可）的次数太少。假如你去上Excel课，发现自己学习起来很轻松，老师幽默又有耐心，那么你会喜欢上Excel并愿意为之付出，这样的努力又会让你学得更加出色，如此一来，你就会更加热爱Excel。这就是一个典型的正向循环。激情就在这个过程中自然而然地产生了。

相反，如果你经常觉得看不懂Excel，也学习不进去，那么你会有种很强的挫败感，这种挫败感会让你想逃离Excel学习，甚至产生厌倦的心理。这是人的天性——我们会极力远离那些不能给我们带来成就感的事情。

在Excel学习上，好高骛远、想走捷径最终都会被打回"原形"，甚至可能让人沮丧得想放弃学习Excel。而系统、基础的Excel训练，能让你在不断收获成就感的过程中，获得自信和激情，激励你持续学习下去。

你可以把"成功"定义为做得和"成功者"一样好，也可以定义为比昨天的自己进步一点点。学习不可以贪心，应专注于不断超越自己。

最后，我想分享乔布斯的一句话："自由从何而来？从自信来，而自信则是从自律来。"先学会克制自己，把万丈高楼的基础打好，不慌不忙，才能展翅高飞。

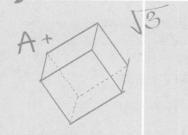

第 2 章

那些必须练好的
基本功

学习任何本领，最重要的就是打好基础、练好基本功，学习 Excel 亦是如此。因为那些基础的、看似最简单的知识，恰恰是经常需要用到且非常重要的。基本功越扎实，Excel 操作就越熟练，工作效率就越高。

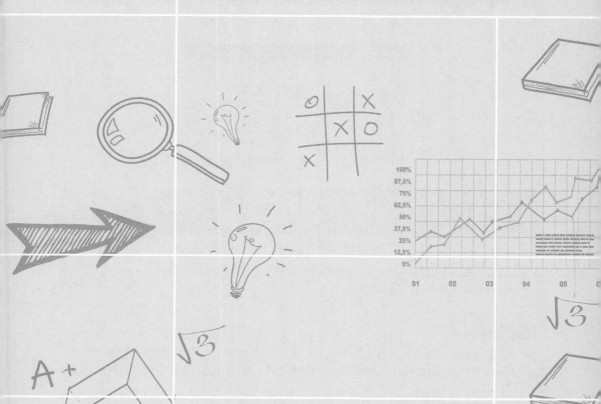

2.1 Excel的4种数据类型

一份Excel表格中可能有成千上万个不同的数据，如果需要对数据进行一定的分类，以方便快速定位选择，就需要我们学习数据背后的分类依据，数据类型正是这样一种依据。

2.1.1 文本都是左对齐，数值都是右对齐

如果我们经常使用Excel，会发现最常用的两种数据，一种是文本，另一种是数值。英文名称、汉字等都属于文本数据，67、99、100等属于数值数据。

在Excel中，文本数据都是左对齐的，而数值数据都是右对齐的，这是Excel设置的一种规范。

我们也可以强行更改其对齐方式，如选择任意数值数据所在的单元格（此处选择D3单元格），单击【开始】➡【对齐方式】组➡【左对齐】按钮 ≡ 即可使数据左对齐。

2.1.2 2个单元格的显示结果一样，可能一个是常量，一个是公式结果值

除了文本和数值外，数据类型还包含2种，一种是逻辑值，即TRUE和FALSE；另一种是错误值，错误值以"#"开头，后面显示字母或数字，以"#"开头的数据均属于错误值。

> **TIPS**
>
> 错误值一共有8种，产生的原因是公式编写完成后，不能返回正确的结果值。这是公式表达出现的问题。8种不同类型的错误值说明了公式表达错误的8种原因。

那么生成数据类型的方式有几种？

直接在单元格中输入的任意类型的数据叫作常量，如上述的文本数据、数值数据、逻辑值及错误值等。

表格中2个单元格的内容可能看起来完全一样，但一个可能是常量值，一个可能是公式结果值。

以公式形式生成的值就叫作公式值，任何公式都是以"="开头的，"="右边可以是各种符合公式规范的表达，文本如果要显示在公式中，需要用英文输入状态下的双引号""括起来。

2.2 单元格定位的几种经典用法

很多人认为基础操作比较简单，自己都会，但是在实际工作中却根本不会用。下面就来介绍单元格定位的几种经典用法。

2.2.1 在所有的空单元格中输入99

如果要求在一个包含成百上千个单元格的区域中的空白单元格中输入"99"，稍微熟悉Excel的人，首先想到的操作可能是查找替换。

01 打开"素材\ch02\2.2.xlsx"文件，在"定位"工作表中选择要替换的所有单元格区域。

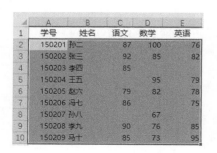

02 按【Ctrl+F】组合键，打开【查找和替换】对话框，在【替换】选项卡下【查找内容】文本框中不输入任何内容，在【替换为】对话框中输入"99"。单击【全部替换】按钮。

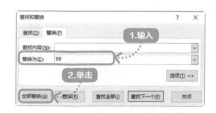

03 可以看到所选区域的空白单元格中均填入了"99"。

	A	B	C	D	E
1	学号	姓名	语文	数学	英语
2	150201	孙二	87	100	76
3	150202	张三	92	85	82
4	150203	李四	85	99	99
5	150204	王五	99	95	79
6	150205	赵六	79	82	78
7	150206	冯七	86	99	75
8	150207	孙八	99	67	99
9	150208	李九	90	76	85
10	150209	马十	85	73	95

在掌握了数据分类的逻辑后，就可以利用逻辑对大量的数据进行划分。所以说，了解事物背后的逻辑是非常重要的，一个会学习的人，通常是一个特别善于把握事物或信息背后的逻辑和规律的人。那么，如何使用定位功能在所有的空白单元格中输入"99"呢？

01 撤销前面的操作，在"定位"工作表中选择A1:E10单元格区域。

	A	B	C	D	E
1	学号	姓名	语文	数学	英语
2	150201	孙二	87	100	76
3	150202	张三	92	85	82
4	150203	李四	85		
5	150204	王五		95	79
6	150205	赵六	79	82	78
7	150206	冯七	86		75
8	150207	孙八		67	
9	150208	李九	90	76	85
10	150209	马十	85	73	95

02 按【F5】键，打开【定位】对话框，单击【定位条件】按钮。

如果按【F5】键不显示【定位】对话框，可以先按住键盘上的【Fn】键，再按【F5】键。也可以单击【开始】➔【编辑】组➔【查找和替换】➔【定位条件】选项。

03 打开【定位条件】对话框，选择【空值】单选项，单击【确定】按钮。

04 可以看到已选择数据区域中的所有空单元格。

	A	B	C	D	E
1	学号	姓名	语文	数学	英语
2	150201	孙二	87	100	76
3	150202	张三	92	85	82
4	150203	李四	85		
5	150204	王五		95	79
6	150205	赵六	79	82	78
7	150206	冯七	86		75
8	150207	孙八		67	
9	150208	李九	90	76	85
10	150209	马十	85	73	95

05 输入"99"，按【Ctrl+Enter】组合键。

	A	B	C	D	E
1	学号	姓名	语文	数学	英语
2	150201	孙二	87	100	76
3	150202	张三	92	85	82
4	150203	李四	85	99	99
5	150204	王五	99	95	79
6	150205	赵六	79	82	78
7	150206	冯七	86	99	75
8	150207	孙八	99	67	99
9	150208	李九	90	76	85
10	150209	马十	85	73	95

【Ctrl+Enter】是快速复制组合键，利用它不仅可以快速复制输入的数值，还可以快速复制公式，只要在选择单元格区域并输入数值或公式后，按【Ctrl+Enter】组合键即可。

2.2.2 　定位与查找替换的区别

在上一小节中使用替换功能可以在所有空单元格中都填入相同的数据，但如下图所示，在填入新数据前，我们需要将所有单元格中的数值数据删除。

14	姓名	职位	性别	工种	部门
15	aFred	管理员	男	正式工	制造部
16	99	管理员	女	正式工	采购部
17	nina	生产员	女	临时工	物料部
18	lily	生产员	女	正式工	人事部
19	sony		87 男	临时工	财务部
20	apl	管理员	女	37	业务部
21	joe	操作员	男	临时工	制造部
22	Susan		54 女	正式工	制造部
23	jem	生产员	男	正式工	制造部

此时，使用替换功能就无法实现此目标。替换功能的局限性在于，它是对内容相同的单元格统一进行替换，但现在单元格的内容是不一样的，也就无法使用替换功能。

按住【Ctrl】键一个个选择虽然也是一种可行的方法，但当数据很多时，这样就会很慢、很累。

这时，我们就可以使用定位功能实现快速选择，根据数据类型快速把所有的数值数据定位选中，方便统一处理。

2.2.3 　选择数据区域中的所有数字

下面就来看一下如何使用定位功能选择数据区域中的所有数字。

01 在"定位"工作表中，选择A14:E23单元格区域。

14	姓名	职位	性别	工种	部门
15	aFred	管理员	男	正式工	制造部
16	99	管理员	女	正式工	采购部
17	nina	生产员	女	临时工	物料部
18	lily	生产员	女	正式工	人事部
19	sony		87 男	临时工	财务部
20	apl	管理员	女	37	业务部
21	joe	操作员	男	临时工	制造部
22	Susan		54 女	正式工	制造部
23	jem	生产员	男	正式工	制造部

02 按【F5】键，打开【定位】对话框，单击【定位条件】按钮。

TIPS

在【定位条件】对话框中，可以看到【批注】【常量】【公式】【空值】等多种类型的条件，【常量】和【公式】中又包含【数字】【文本】【逻辑值】【错误】4 种数据类型。所选区域的数字属于【常量】中的【数字】类型。

03 打开【定位条件】对话框，选择【常量】单选项，并仅选择【数字】复选框，撤销选择【文本】【逻辑值】【错误】复选框，单击【确定】按钮。

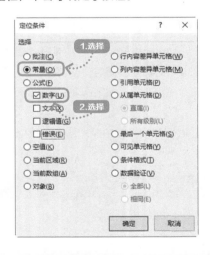

04 可以看到已选择数据区域中的所有数字。

05 如果要删除单元格内容，按【Delete】键即可。

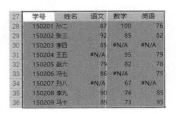

2.2.4　选择数据区域中的所有错误值

如下图所示，数据区域中包含很多显示为"#N/A"的单元格，我们也可以通过定位功能选择数据区域中的所有错误值。

01 在"定位"工作表中选择任意包含
"#N/A"值的单元格,可以看到编辑栏中
显示为"=NA()",这代表此时单元格中的
值为公式的返回值。

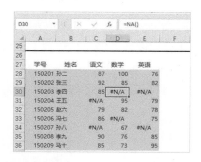

02 选择A27:E36单元格区域,按【F5】
键,打开【定位】对话框,单击【定位条
件】按钮。

03 打开【定位条件】对话框,选择【公
式】单选项,并仅选择【错误】复选框,
撤销选择【数字】【文本】【逻辑值】复

选框,单击【确定】按钮。

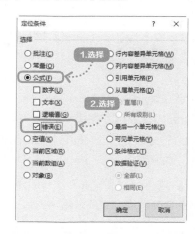

04 可以看到已选择数据区域中的所有
错误值。

27	学号	姓名	语文	数学	英语
28	150201	孙二	87	100	76
29	150202	张三	92	85	82
30	150203	李四	85	#N/A	#N/A
31	150204	王五	#N/A	95	79
32	150205	赵六	79	82	78
33	150206	冯七	86	#N/A	75
34	150207	孙八	#N/A	67	#N/A
35	150208	李九		90	85
36	150209	马十	85	73	95

05 如果要删除单元格内容,按【Delete】
键即可。

27	学号	姓名	语文	数学	英语
28	150201	孙二	87	100	76
29	150202	张三	92	85	82
30	150203	李四	85		
31	150204	王五		95	79
32	150205	赵六	79	82	78
33	150206	冯七	86		75
34	150207	孙八		67	
35	150208	李九		90	76	85
36	150209	马十	85	73	95

2.2.5　批量取消合并单元格并填充数据

我们制作表格时经常会把单元格合并,这样虽然会使表格更美观,但会
给后期的二次统计带来麻烦。在设计表格时,我们就要有"二表分开"的意
识,即基础数据表和结果报表要分开。

基础数据表往往是原始的数据录入记录,其最基本的设计原则是一个单元格只能传递

一个信息，不能把很多数据信息放在一个单元格中，也不能合并单元格。只有这样符合规范的基础数据表，我们才可以在其基础之上非常方便地生成符合不同要求的结果报表。

合并单元格后再生成结果报表会非常麻烦，所以就要避免将基础数据表中的单元格合并。如何才能批量取消合并单元格并填充数据呢？

01 在"取消合并单元格"工作表中，选择A列中有合并单元格的区域A4:A45。

	工资级次	档序	标准工资	基本工资标准	绩效工资标准
3					
4	一级	1档	7500	3750	3750
5		2档	7400	3700	3700
6		3档	7300	3650	3650
7		4档	7200	3600	3600
8		5档	7100	3550	3550
9		6档	7000	3500	3500
10	二级	1档	6500	3250	3250
11		2档	6400	3200	3200
12		3档	6300	3150	3150
13		4档	6200	3100	3100
14		职位	性别	工种	不明
15		6档	6000	3000	3000
16	三级	1档	5500	2750	2750
17		2档	5400	2700	2700
18		3档	5300	2650	2650
19		87	5200	37	37
20		5档	5100	2500	2500
21		6档	5000		
22	四级	54	4700	2350	2350
23		2档	4600	2300	2300
24		3档	4500	2250	2250
25		4档	4400	2200	2200
26		5档	4300	2150	2150
27		6档	4200	2100	2100

02 单击【开始】➡【对齐方式】组➡【取消单元格合并】按钮，即可取消单元格合并，但A5:A9区域的单元格中需要填充文本"一级"，依此类推，下方单元格区域需要填充文本"二级""三级"等。

	工资级次	档序	标准工资	基本工资标准	绩效工资标准
3					
4	一级	1档	7500	3750	3750
5		2档	7400	3700	3700
6		3档	7300	3650	3650
7		4档	7200	3600	3600
8		5档	7100	3550	3550
9		6档	7000	3500	3500
10	二级	1档	6500	3250	3250
11		2档	6400	3200	3200
12		3档	6300	3150	3150
13		4档	6200	3100	3100
14		职位	性别	工种	不明
15		6档	6000	3000	3000
16	三级	1档	5500	2750	2750
17		2档	5400	2700	2700
18		3档	5300	2650	2650
19		87	5200	2600	2600
20		5档	5100	37	37
21		6档	5000	2500	2500

TIPS

取消单元格合并后，不要随意单击单元格，否则会破坏当前的选中状态，以致无法进行后续操作。

03 按【F5】键，打开【定位】对话框，单击【定位条件】按钮。打开【定位条件】对话框，选择【空值】单选项，单击【确定】按钮。

04 这样就可以选择数据区域中的所有空值，在编辑栏中输入公式"=A4"。

05 按【Ctrl+Enter】组合键，即可快速完成填充。

工资级次	档序	标准工资	基本工资标准	绩效工资标准
一级	1档	7500	3750	3750
一级	2档	7400	3700	3700
一级	3档	7300	3650	3650
一级	4档	7200	3600	3600
一级	5档	7100	3550	3550
一级	6档	7000	3500	3500
二级	1档	6500	3250	3250
二级	2档	6400	3200	3200
二级	3档	6300	3150	3150
二级	4档	6200	3100	3100
二级	职位	性别	工种	不明
二级	6档	6000	3000	3000
三级	1档	5500	2750	2750
三级	2档	5400	2700	2700
三级	3档	5300	2650	2650
三级	87	5200	2600	2600
三级	5档	5100	37	37
三级	6档	5000	2500	2500
四级	54	4700	2350	2350
四级	2档	4600	2300	2300
四级	3档	4500	2250	2250
四级	4档	4400	2200	2200
四级	5档	4300	2150	2150
四级	6档	4200	2100	2100

TIPS

这样做的道理是什么呢？因为 A4 单元格中的值是一个常量，而 A5:A9 单元格区域中输入的公式是 "=A4"，使用【Ctrl+Enter】组合键快速复制，就相当于 A6 单元格中输入的公式是 "=A5"，A7 单元格中输入的公式是 "=A6"，依此类推。到 A10 单元格时，其中的值又是一个常量，而 A11 单元格中输入的公式是 "=A10"，A12 单元格中输入的公式是 "=A11"，就这样一级一级推下来。

06 如果担心公式所生成的值容易被破坏，可以再次选择A4:A45单元格区域，按【Ctrl+C】组合键复制。单击鼠标右键，在弹出的快捷菜单中选择【粘贴选项】➜【值】命令，将公式粘贴为常量值即可。

2.3 选择并处理单元格

操作数据前首先要选择单元格，下面就介绍几种选择并处理单元格的常用技巧，包括快速选择数据区域、迁移选择的数据区域及批量删除工作表中的空白行等。

2.3.1 快速选择数据区域

选择数据区域常用的方法就是按住鼠标左键由左至右、由上到下拖曳选择，大家是不是遇到过这样的尴尬情况，数据行数较多时，向下拖曳往往会超过数据区域，再往上拖曳，又会出现选择不完整的情况，来来回回两三次才能完整选择所需的数据区域。

那么这个问题该如何解决？

答案是通过快捷键，即通过【Ctrl+Shift+方向键】组合键快速选择数据区域，接下来看看怎么操作。

先选择A1单元格，左手按住【Ctrl+Shift】组合键不松开，右手按【→】键，即可选择右侧的所有连续数据。

	A	B	C	D	E	F	G	H
1	姓名	职别	性别	员工类别	部门	员工年龄	学历层次	增加
2	aFred	管理员	男	正式工	制造部	28	大专	1
3	jack	管理员	女	正式工	采购部	25	中专	2
4	nina	生产员	女	临时工	物料部	21	高中	3
5	lily	生产员	女	正式工	人事部	35	本科	4
6	sony	操作员	男	临时工	财务部	36	大专	5
7	apl	操作员	男	正式工	业务部	25	高中	6
8	joe	操作员	男	临时工	制造部	35	高中	7
9	Susan	生产员	女	正式工	制造部	23	大专	8
10	jem	生产员	男	正式工	制造部	18	高中	9
11								
12	aFred	管理员	男	正式工	制造部	28	大专	11

在按住【Ctrl+Shift】组合键不松开的情况下，右手再次按【↓】键，即可向下选择所有连续的数据。

	A	B	C	D	E	F	G	H
1	姓名	职别	性别	员工类别	部门	员工年龄	学历层次	增加
2	aFred	管理员	男	正式工	制造部	28	大专	1
3	jack	管理员	女	正式工	采购部	25	中专	2
4	nina	生产员	女	临时工	物料部	21	高中	3
5	lily	生产员	女	正式工	人事部	35	本科	4
6	sony	操作员	男	临时工	财务部	36	大专	5
7	apl	管理员	女	正式工	业务部	25	高中	6
8	joe	操作员	男	临时工	制造部	35	高中	7
9	Susan	生产员	女	正式工	制造部	23	大专	8
10	jem	生产员	男	正式工	制造部	18	高中	9
11								
12	aFred	管理员	男	正式工	制造部	28	大专	11

可以看到遇到空行时，数据选择会不完整，继续按【↓】键，直到选择所需的所有数据。

	A	B	C	D	E	F	G	H
1	姓名	职别	性别	员工类别	部门	员工年龄	学历层次	增加
2	aFred	管理员	男	正式工	制造部	28	大专	1
3	jack	管理员	女	正式工	采购部	25	中专	2
4	nina	生产员	女	临时工	物料部	21	高中	3
5	lily	生产员	女	正式工	人事部	35	本科	4
6	sony	操作员	男	临时工	财务部	36	大专	5
7	apl	管理员	女	正式工	业务部	25	高中	6
8	joe	操作员	男	临时工	制造部	35	高中	7
9	Susan	生产员	女	正式工	制造部	23	大专	8
10	jem	生产员	男	正式工	制造部	18	高中	9
11								
12	aFred	管理员	男	正式工	制造部	28	大专	11
13	jack	管理员	女	正式工	采购部	25	中专	12
14	nina	生产员	女	正式工	物料部	21	高中	13
15	lily	生产员	男	正式工	人事部	35	本科	14
16	sony	操作员	男	正式工	财务部	36	大专	15
17	apl	管理员	女	正式工	业务部	25	高中	16
18	joe	操作员	男	临时工	制造部	35	高中	17
19	Susan	生产员	女	正式工	制造部	23	大专	18
20	jem	生产员	男	正式工	制造部	18	高中	18
21	jem	生产员	男	正式工	制造部	18	高中	9
22								
23	aFred	管理员	女	正式工	制造部	28	大专	11
24	jem	生产员	女	正式工	制造部	18	大专	9
25								
26	aFred	管理员	男	正式工	制造部	28	大专	11

以上就是使用快捷键快速选择数据区域的方法，对没有空行的数据区域，可以在数据区域中选择任意一个单元格，按【Ctrl+A】组合键。

TIPS

在整理数据的时候，要注意表格中是否有空行，如果表格中有空行，在快速选取数据时就会出现中断。

选择A1单元格后，按【Ctrl+→】组合键，可快速定位至数据区域最右侧的单元格。按【Ctrl+↓】组合键，可快速定位至数据区域最下方的单元格。

选择A1单元格后，按【Shift+→】组合键，可快速选择右侧的单元格A2，连续按【Shift+→】组合键，可连续选择相邻的单元格。按【Shift+←】组合键，则会减少单元格的选择。

	A	B	C	D	E	F	G	H
1	姓名	职别	性别	员工类别	部门	员工年龄	学历层次	增加
2	aFred	管理员	男	正式工	制造部	28	大专	1
3	jack	管理员	女	正式工	采购部	25	中专	2
4	nina	生产员	女	临时工	物料部	21	高中	3
5	lily	生产员	女	正式工	人事部	35	本科	4
6	sony	操作员	男	临时工	财务部	36	大专	5
7	apl	管理员	女	正式工	业务部	25	高中	6
8	joe	操作员	男	临时工	制造部	35		7

	A	B	C	D	E	F	G	H
1	姓名	职别	性别	员工类别	部门	员工年龄	学历层次	增加
2	aFred	管理员	男	正式工	制造部	28	大专	1
3	jack	管理员	女	正式工	采购部	25	中专	2
4	nina	生产员	女	临时工	物料部	21	高中	3
5	lily	生产员	女	正式工	人事部	35	本科	4
6	sony	操作员	男	临时工	财务部	36	大专	5
7	apl	管理员	女	正式工	业务部	25	高中	6
8	joe	操作员	男	临时工	制造部	35	高中	7

按【Shift+↓】组合键，可快速选择下一行的数据，连续按，可逐行选择，按【Shift+↑】组合键，则可以逐行减少选择。

	A	B	C	D	E	F	G	H
1	姓名	职别	性别	员工类别	部门	员工年龄	学历层次	增加
2	aFred	管理员	男	正式工	制造部	28	大专	1
3	jack	管理员	女	正式工	采购部	25	中专	2
4	nina	生产员	女	临时工	物料部	21	高中	3
5	lily	生产员	女	正式工	人事部	35	本科	4
6	sony	操作员	男	临时工	财务部	36	大专	5
7	apl	管理员	女	正式工	业务部	25	高中	6
8	joe	操作员	男	临时工	制造部	35	高中	7

打开【Excel 选项】对话框，在【高级】→【编辑选项】中可以更改按【Enter】键后移动所选内容的方向。

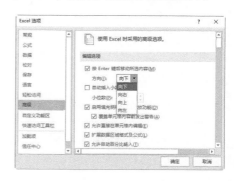

TIPS

选择单元格后按上下左右方向键，可选择相邻的上下左右的单元格。【F2】键是编辑键，选择单元格后按【F2】键或双击鼠标可进入编辑状态。编辑完成后按【Tab】键会自动选择右侧单元格，按【Enter】键可选择下方单元格。

2.3.2 迁移选择的数据区域

选择数据后，可以看到被选择数据的周围出现了黑框，将鼠标指针放置在边框线上，就可以迁移这些数据。

01 打开"素材\ch02\2.3.xlsx"文件，选择 B3:E8 单元格区域，然后将鼠标指针放在黑色的边框线上。

03 释放鼠标左键，即可看到移动了数据的位置。

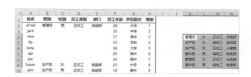

04 再次将其拖曳至 B3:E8 单元格区域，即可恢复工作表。

02 按住鼠标左键，拖曳到其他位置。

TIPS

在移动数据位置时，这个操作方法是非常实用的。

在打开的素材文件中，如果需要将"学历层次"列移动至"职别"列左侧，通常的做法是，(1) 在"职别"列前插入新列；(2) 将"学历层次"列内容复制到新插入的列中；(3) 删除"职别"列。

但当行数较多时，这样不仅费时还费力，那么怎样快速实现呢？

01 在"2.3.xlsx"文件中，选择"学历层次"所在的G列，将鼠标指针移至边框线上，鼠标指针显示为双向黑色十字形状。

	A	B	C	D	E	F	G	H
1	姓名	职别	性别	员工类别	部门	员工年龄	学历层次	增加
2	aFred	管理员	男	正式工	制造部	28	大专	1
3	jack	管理员	女	正式工	采购部	25	中专	2
4	nina	生产员	女	临时工	物料部	21	高中	3
5	lily	生产员	女	临时工	人事部	35	本科	4
6	sony	操作员	男	临时工	财务部	36	大专	5
7	apl	管理员	女	正式工	业务部	25	高中	6
8	joe	操作员	男	临时工	制造部	35	高中	7
9	Susan	生产员	女	正式工	制造部	23	大专	8
10	jem	生产员	男	正式工	制造部	18	高中	9

02 左手按住【Shift】键，右手按住鼠标左键拖曳，在底部状态栏中会看到提示"拖动鼠标可以剪切和插入单元格内容，使用【Alt】键可以切换工作表"。

23	aFred	管理员	女	正式工	制造部	28
24	jem	生产员	男	正式工	制造部	18
25						
26	aFred	管理员	男	正式工	制造部	28
27						
28						
29						

选中处理单元格 ⊕

拖动鼠标可以剪切和插入单元格内容，使用 Alt 键可以切换工作表

> **TIPS**
>
> 仅按住鼠标左键，可以看到提示"拖动鼠标可以移动单元格内容，使用【Alt】键可以切换工作表"，此时可以移动数据区域。

03 按住【Shift】键的同时，直接将G列拖曳至B列左侧，释放鼠标左键和【Shift】键，即可将"学历层次"列移动至"职别"列左侧。

	A	B	C	D	E	F	G	H
1	姓名	学历层次	职别	性别	员工类别	部门	员工年龄	增加
2	aFred	大专	管理员	男	正式工	制造部	28	1
3	jack	中专	管理员	女	正式工	采购部	25	2
4	nina	高中	生产员	女	临时工	物料部	21	3
5	lily	本科	生产员	女	临时工	人事部	35	4
6	sony	大专	操作员	男	临时工	财务部	36	5
7	apl	高中	管理员	女	正式工	业务部	25	6
8	joe	高中	操作员	男	临时工	制造部	35	7
9	Susan	大专	生产员	女	正式工	制造部	23	8
10	jem	高中	生产员	男	正式工	制造部	18	9

> **TIPS**
>
> 左手按住【Ctrl】键，右手按住鼠标左键并拖曳，即可完成单元格区域的复制。这些操作都不需要特别去记忆，因为在状态栏中 Excel 会自动给出提示，只需要在操作前看一下状态栏即可。

2.3.3　批量删除工作表中的空白行

在基础数据表中保留空白行是一个非常不好的习惯，在制作数据透视表或其他数据统计表时，空白行都会造成一定的影响，导致报错或统计结果与实际不符。怎样才能批量删除工作表中的空白行呢？

通过筛选功能可以实现这个目标，但需要先修改工作表。如下图所示，有空行的时候，筛选功能将只对空行以上的数据起作用，这时可新增H列，并在H列输入数据不留空行，再从A列至G列筛选"（空白）"即可筛出空行。然后选择空行将其删除。

当然，也可选中所有区域，然后定位空行，再删除空行，具体操作步骤如下。

01 选择A1:H26单元格区域，按【F5】键，打开【定位】对话框，单击【定位条件】按钮。打开【定位条件】对话框，选择【空值】单选项，单击【确定】按钮。

02 可以看到已选中数据区域的所有空值。

03 此时，不要随意选择其他单元格，在已选择的任意单元格上单击鼠标右键，在弹出的快捷菜单中选择【删除】命令。

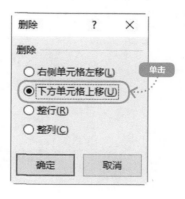

04 弹出【删除】对话框，单击【下方单元格上移】单选项，单击【确定】按钮。

TIPS

　　如果工作表右侧没有其他数据，也可以选择【整行】单选项。如果右侧有其他内容，则需要选择【下方单元格上移】单选项。

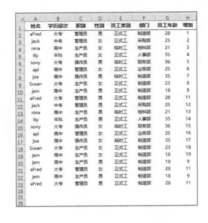

05 这时可以看到已经删除了所有空白行。

2.4 数据的清除技巧

　　我们有时候需要仅清除单元格中的内容，保留格式，有时候需要清除所有内容及格式，那么数据的清除有哪些技巧呢？

2.4.1 彻底清除单元格数据及格式

　　打开"素材\ch02\2.4.xlsx"文件，选择A2单元格，将光标定位于编辑栏，按【Delete】键将文本清除。

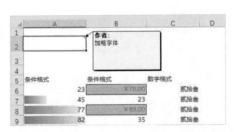

　　可以看到文字内容已经被删除了，但格式依然存在，如批注、单元格中数值的字体和字号格式等。重新输入数据，则会以原格式显示，如下图所示。

因为这样操作仅仅是将内容删除了，但格式没有被清除。那么要彻底清除内容及格式该怎么操作呢？

单击【开始】➡【编辑】组➡【清除】按钮，在弹出的下拉列表中可以看到全部清除、清除格式、清除内容、清除批注及清除超链接等多个选项。由此可见，一个单元格中的内容是非常丰富的，它往往包含了格式、内容、批注、超链接等多种信息，这里选择【全部清除】选项即可彻底清除单元格数据及格式。

实的，它仅仅是一种呈现效果，如果需要查看真实的内容，可以选择单元格后在编辑栏中查看。如C6单元格显示的内容为"贰拾叁"，但在编辑栏中可以看到真实数据是"23"，原因是该单元格为该数据应用了特殊的格式。

TIPS

条件格式是指单元格的内容满足某个条件，比如上图中大于50，就让整个单元格的显示格式发生变化。这些内容会在第6章具体介绍。

数字格式是指单元格内的数值显示方式可以按照用户的需要来改变，表面看起来内容发生了变化，但在编辑栏中你会发现，单元格内容没有任何变化。

如果要清除格式，选择A5:C9单元格区域，选择【开始】➡【编辑】组➡【清除】➡【清除格式】选项即可。

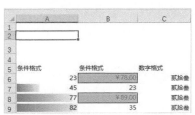

在A5:C9单元格区域，可以看到不同的单元格有不同的表现形式。需要注意的是，看到的单元格内容并不一定是真

2.4.2 数据的转置

转置就是把横向排列的数据变成纵向排列的数据，或者反过来。

01 选择A14:E14单元格区域，按【Ctrl+C】组合键复制。

02 选择要粘贴到的单元格，单击鼠标右键，在弹出的快捷菜单中选择【粘贴选项】➔【选择性粘贴】命令。

03 打开【选择性粘贴】对话框，单击选择【转置】复选框，单击【确定】按钮。

04 这样就可以看到已将横向排列的数据转置成纵向排列的效果。

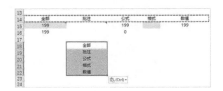

2.4.3　数据的选择性粘贴

除了转置外，还可以使用选择性粘贴功能将复制的内容粘贴为其他格式，如图片格式等。

01 首先选择A14:E22单元格区域，按【Ctrl+C】组合键复制，然后选择要粘贴到的单元格，单击鼠标右键，在弹出的快捷菜单中选择【粘贴选项】➔【选择性粘贴】➔【图片】命令。

内容粘贴为图片格式。

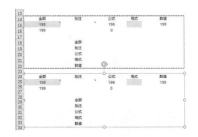

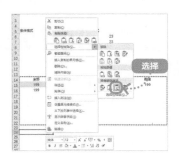

02 这时可以看到已将选择的单元格区域

TIPS

将表格内容发给他人查看时，可以将其粘贴为图片格式，以方便他人查看。复制单元格区域后，单元格周围会出现虚线，可以按【Esc】键取消虚线。

2.5 快速输入时间和日期

时间和日期是我们经常使用的数据形式，通常输入如下图所示的几种形式的时间和日期数据，Excel可以自动将其存储为时间和日期格式。

	A	B
1	时间格式	日期格式
2	13:30	2018/8/22
3	1:30 PM	2018-08-22
4	13:30:55	二〇一八年八月二十二日
5	1:30:55 PM	2018年8月22日
6	13时30分	星期三
7	13时30分55秒	22-Aug-18

从上图可以看出，时间和日期都属于数值数据，默认右对齐。

TIPS

需要注意的是，"2018。8。22"这种日期表达方式不属于 Excel 认可的规范日期数据格式，Excel 会将其作为文本处理，也不会将其按照日期格式进行计算。"2018。8。22"这类数据中间的符号"。"不符合 Excel 的规范，符合规范的是在英文输入状态下输入的半角符号。

2.5.1　使用快捷键输入时间和日期

对那些经常做流水账，需要大量输入当前日期的用户来说，一个个地输入当前日期，会花费大量的时间。Excel提供了快速输入当前时间和日期的快捷键，可以提高输入时间和日期的效率。

输入当前时间：按【Ctrl+Shift+;】组合键，可以快速输入当前时间。

9	使用快捷键输入时间和日期	
10	输入时间	输入日期
11	10:35	
12		
13		

输入当前日期：按【Ctrl+;】组合键，可以快速输入当前日期。

9	使用快捷键输入时间和日期	
10	输入时间	输入日期
11	10:35	2018/8/22
12		
13		

TIPS

使用快捷键输入或直接输入的日期和时间，其数值不会变，不管何时打开文档，显示的日期和时间都是之前输入的值。如果需要日期和时间显示为打开 Excel 时的日期和时间，可以使用函数，具体方法在 2.5.3 小节会介绍。

2.5.2 认识时间和日期数值格式

输入时间和日期后，有时会默认显示为"年/月/日"，也有可能显示为"年-月-日"，这与计算机中设置的日期格式有关，仅是显示效果不同，不影响数值的使用。

为什么说日期和时间都是数值呢？先看看时间和日期数值与常规格式之间有哪些关联。

在任意单元格中输入"1"，选择该单元格，按【Ctrl+1】组合键，在【设置单元格格式】对话框中将其设置为"日期"格式。单击【确定】按钮，可以看到会显示为"1900/1/1"。

数字:	1
日期格式:	1900/1/1

输入日期"2018/8/22"，并将该单元格格式设置为"常规"格式，可以看到显示为"43334"。

数字:	1	43334
日期格式:	1900/1/1	2018/8/22

为什么？

Excel毕竟是计算机程序，无法识别、理解人类有关年、月、日的概念，在Excel中计算年、月、日时，后台会进行数据间的转换，输入任何日期，Excel都会先将日期转换为具体的数值，然后对其进行计算，最后再将数值转换为日期形式。

因此，我们需要为Excel设置一个转换逻辑，那么这个逻辑是什么呢？

数值数据"1"对应的就是"1900/1/1"，即1900年1月1日，也就是说，Excel所能识别的日期最早为1900年1月1日，之前的日期Excel是无法识别的，会将其作为文本处理。如直接输入"1899/12/31"，就显示为左对齐，说明其为文本形式。

1899/12/31	

这也就意味着"1900/1/1"就是数值型数据"1"，而"2018/8/22"则是"1900/1/1"后的第"43334"天。至于中间的闰年，Excel会按一定的逻辑去计算。

对于时间数值，如需要在单元格中显示时间12：00，可以先输入"=12/24"，因为一天有24小时。按【Enter】键，可以得到结果"0.5"，之后将该单元格设置为"时间"格式，就可以显示为"12:00"。

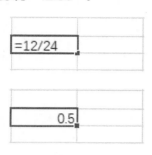

同理，如果要显示17:30，可以输入"=17.5/24"，得到结果后将单元格设置为"时间"格式即可。

2.5.3 使用函数输入时间和日期

我们有时需要让工作表中包含时间和日期的单元格在打开Excel后自动更新为当前时间和日期，比如计算工龄时，会用当天日期减去入职日期，这一需求可以通过函数实现。

01 打开"素材\ch02\2.5.xlsx"文件，选择A16单元格，输入"=NOW()"。

02 按【Enter】键，即可看到显示了当前的日期和时间。

03 如果要仅显示时间，可以选择A16单元格，按【Ctrl+1】组合键，在【设置单元格

格式】对话框中设置格式为"时间"即可。

04 设置为仅显示时间后的效果如下图所示。

> **TIPS**
>
> 　　此时看到时间变为了"12:01"，表示在设置好单元格格式并单击【确定】按钮后，相当于依次刷新操作，单元格中的时间会自动更新为当前时间。

05 选择B16单元格，输入"=TODAY()"。

06 按【Enter】键，即可看到仅显示操作时的日期。

2.6 去除工作表中的重复项

　　在制作流水账类表格时，数据中可能会包含大量的重复项，此时，去除工作表中的重复项就显得尤为重要。

2.6.1 快速筛选出不重复的数据

　　我们在Excel中可以使用【删除重复值】按钮快速筛选出不重复的数据。

01 打开"素材\ch02\2.6.xlsx"文件，选择A1:A11单元格区域。

> **TIPS**
>
> 　　如果 A 列没有其他不需要筛选的数据，可以直接选择整个 A 列。

02 单击【数据】➡【数据工具】组➡【删除重复值】按钮。

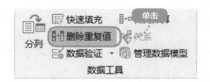

03 弹出【删除重复值】对话框，单击【确定】按钮。

04 弹出提示框，提示操作结果，直接单击【确定】按钮。

05 可以看到删除重复值后的效果。

2.6.2 计算筛选后的数据值

求和计算常用SUM函数，但筛选数据后，希望仅对筛选后的数据值求和，使用SUM函数能实现吗？

01 在"2.6.xlsx"文件中选择D14单元格，输入公式"=SUM(B15:B24)"，按【Enter】键，可以看到D14单元格中显示了B15:B24单元格区域的数值总和。

02 选择A14:B24单元格区域，单击【数据】➡【排序和筛选】组➡【筛选】按钮进入筛选模式。

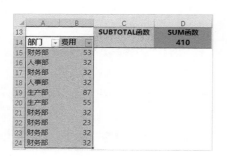

03 单击"部门"后的筛选按钮，仅选择【财务部】复选框，单击【确定】按钮。

04 筛选出"财务部"相关数据后，可以看到SUM函数仍然计算的是所有数值的总和，而不是只计算了筛选出的值的总和。

看不见的数据有2种，一种是筛选后被淘汰掉的数据，另一种是手动隐藏的数据。这里面临一个问题，对于看不见的数据，在统计的时候，我们是否要把它们纳入统计范围？而SUM函数对于看不见的数据，会统统纳入最终统计范围。

05 选择C14单元格，输入公式"=SUBTOTAL (9,B15:B24)"，按【Enter】键即可看到C14单元格中计算出了筛选后结果值的总和。

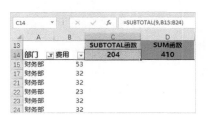

SUBTOTAL函数是一个很方便的函数，可以执行分类汇总并求和。参数中的"9"代表"SUM"，即求和。SUBTOTAL函数的详细用法会在2.6.3小节介绍。

06 取消筛选模式，可以看到C14单元格中的计算结果为"410"，即对所有能看到的单元格的值进行了计算。

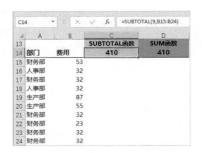

2.6.3 计算隐藏数据后的数据值

上一小节介绍了SUBTOTAL函数，该函数可以在筛选模式下，对看得见的数据进行计算。如果希望在手动隐藏后，对隐藏的数据也进行计算，如何实现呢？

在"2.6.xlsx"文件中选择D27单元格，可以看到该单元格使用SUBTOTAL函数计算B28:B37单元格区域的数据之和，但在第29行~第35行被手动隐藏（并非是筛选后被隐藏）且不可见的情况下，仍然计算出所有单元格中的值的总和"410"。

这是为什么呢？

上一小节提到看不见的数据有2种，一种是筛选后被淘汰的数据，另一种是手动隐藏的数据。

对在筛选模式下被淘汰的数据，SUBTOTAL函数不会统计这部分数据，或者说它只统计能够看见的数据。

对于手动隐藏的数据，一种模式是统计隐藏的数据，如D27单元格中的值；另一种模式是不统计隐藏的数据，这种情况要如何实现呢？

我们可以通过更改SUBTOTAL函数的function_num（功能常数）参数，实现统计模式的转换。先删除SUBTOTAL函数参数中的"9"，可显示函数的function_num参数，不同的参数能够执行求平均值、统计、最大值或最小值、求和等11种功能，但1~11及101~111的含义相同，那么它们的区别在哪里呢？

当SUBTOTAL函数的参数function_num为从1到11（包含隐藏值）的常数时，SUBTOTAL函数将统计隐藏的值。当要对列表中的隐藏和非隐藏数据进行分类汇总时，可以使用这些常数。

当function_num为从101到111（忽略隐藏值）的常数时，SUBTOTAL函数将不统计隐藏的值，即仅统计看得到的值。当只想对列表中的非隐藏数据进行分类汇总时，可以使用这些常数。

因此，这里将function_num参数由"9"更改为"109"，即仅统计看得到的值。在E27单元格输入公式"=SUBTOTAL(109,B28:B37)"，按【Enter】键即可得出结果"117"。

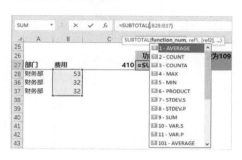

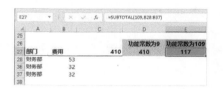

2.7 让效率翻倍的格式刷

格式刷可以快速将所选单元格的样式应用于其他单元格，可以节省大量重复设置的时间，从而提高工作效率。

01 打开"素材\ch02\2.7.xlsx"文件，可以看到A2单元格的格式设置与其他单元格不同，下面需要将A2单元格的格式应用于其他单元格。

02 选择A2单元格，单击【开始】➔【剪贴板】组➔【格式刷】按钮，此时可以看到A2单元格被滚动的虚线边框包围。

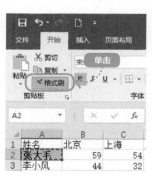

03 将鼠标指针移至数据区域，可以看到指针的形状变为 ✛🖌，在要应用此格式的单元格或单元格区域中单击，即可为其应用A2单元格的格式。

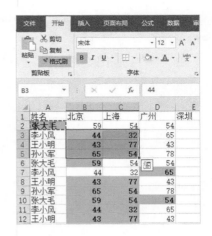

04 此时我们会发现，格式刷单击应用一次之后就消失了，若要继续为其他单元格应用此格式，还需再次单击【格式刷】按钮。其实若要连续使用格式刷，可以双击【格式刷】按钮，即可重复使用格式刷功能，这样可以看到A2单元格的周围一直都有滚动的虚线边框，【格式刷】按钮也一直处于选中状态。

TIPS

　　若要停止使用格式刷功能，可以在处于选中状态的【格式刷】按钮上单击，或者按【Esc】键。

　　若要使单元格恢复应用格式之前的状态，可以先选择其他任意一个未设置格式的单元格，双击【格式刷】按钮，为已经应用格式的单元格进行格式的恢复。

2.8 商务表格排版的"三板斧"

　　使用商务表格排版的"三板斧"，可以快速装饰和美化表格。

1. 商务表格排版的"第一板斧"——插入表格

01 打开"素材\ch02\2.8.xlsx"文件，选择数据区域中的任一单元格，单击【插入】➡【表格】组➡【表格】按钮。

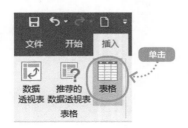

02 弹出【创建表】对话框，单击【确定】按钮。

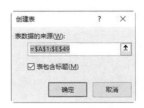

TIPS

　　这里介绍的"插入表格"不是指插入一张新的表格，而是将当前的表格区域置换为一种新的表格形式。

03 可以为表格应用一种新的样式，并自带美化效果。

	A	B	C	D	E
1	姓名	北京	上海	广州	深圳
2	张大毛	59	54	54	34
3	李小凤	44	32	65	90
4	王小明	43	77	43	89
5	孙小军	65	54	78	90
6	张大毛	59	54	54	34
7	李小凤	44	32	65	90
8	王小明	43	77	43	89
9	孙小军	65	54	78	90
10	张大毛	59	54	54	34
11	李小凤	44	32	65	90
12	王小明	43	77	43	89
13	孙小军	65	54	78	90
14	张大毛	59	54	54	34
15	李小凤	44	32	65	90
16	王小明	43	77	43	89
17	孙小军	65	54	78	90
18	张大毛	59	54	54	34
19	李小凤	44	32	65	90
20	王小明	43	77	43	89
21	孙小军	65	54	78	90
22	张大毛	59	54	54	34
23	李小凤	44	32	65	90
24	王小明	43	77	43	89
25	孙小军	65	54	78	90

04 单击表格数据中的任一单元格，即可在【表格工具】的【设计】选项卡下更改表格样式、对数据进行汇总等，以方便表格的排版操作。若要更改表格样式，可以单击【设计】➔【表格样式】组➔【其他】按钮，在弹出的表格样式下拉列表中选择所需更改的样式即可。

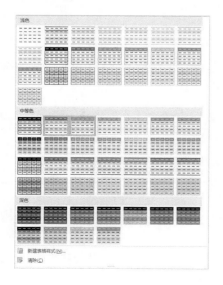

05 在【表格样式选项】组中选择【汇总行】复选框。

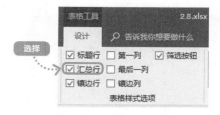

06 完成汇总数据的操作，并显示汇总结果。

	姓名	北京	上海	广州	深圳
32	王小明	43	77	43	89
33	孙小军	65	54	78	90
34	张大毛	59	54	54	34
35	李小凤	44	32	65	90
36	王小明	43	77	43	89
37	孙小军	65	54	78	90
38	张大毛	59	54	54	34
39	李小凤	44	32	65	90
40	王小明	43	77	43	89
41	孙小军	65	54	78	90
42	张大毛	59	54	54	34
43	李小凤	44	32	65	90
44	王小明	43	77	43	89
45	孙小军	65	54	78	90
46	张大毛	59	54	54	34
47	李小凤	44	32	65	90
48	王小明	43	77	43	89
49	孙小军	65	54	78	90
50	汇总				3636

TIPS

取消勾选【汇总行】复选框，即可取消数据的汇总。

07 若不想使用这种表格，可以单击【设计】➔【工具】组➔【转换为区域】按钮。

08 弹出提示框，单击【是】按钮。

09 可以将表格区域转换为普通区域，即普通表格。

	A	B	C	D	E
1	姓名	北京	上海	广州	深圳
2	张大毛	59	54	54	34
3	李小风	44	32	65	90
4	王小明	43	77	43	89
5	孙小军	65	54	78	90
6	张大毛	59	54	54	34
7	李小风	44	32	65	90
8	王小明	43	77	43	89
9	孙小军	65	54	78	90
10	张大毛	59	54	54	34
11	李小风	44	32	65	90
12	王小明	43	77	43	89
13	孙小军	65	54	78	90
14	张大毛	59	54	54	34
15	李小风	44	32	65	90
16	王小明	43	77	43	89

2．商务表格排版的"第二板斧"——设置字体效果

01 选择所有的数据区域，单击【开始】
➔【字体】组➔【字体】下拉按钮，在弹出的下拉列表中选择【微软雅黑】字体。

02 设置后的效果如下图所示。

	A	B	C	D	E
1	姓名	北京	上海	广州	深圳
2	张大毛	59	54	54	34
3	李小风	44	32	65	90
4	王小明	43	77	43	89
5	孙小军	65	54	78	90
6	张大毛	59	54	54	34
7	李小风	44	32	65	90
8	王小明	43	77	43	89
9	孙小军	65	54	78	90
10	张大毛	59	54	54	34
11	李小风	44	32	65	90
12	王小明	43	77	43	89
13	孙小军	65	54	78	90
14	张大毛	59	54	54	34
15	李小风	44	32	65	90
16	王小明	43	77	43	89

> **TIPS**
>
> 在商务表格中使用"微软雅黑"字体，更能凸显严谨、庄重、大气的商务风格。

03 接下来设置表格的标题，更改标题的颜色。选择A1:E1单元格区域，单击【开始】➔【字体】组➔【颜色】下拉按钮，在弹出的下拉列表中选择"白色"。

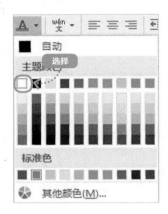

04 这样就可以将标题颜色更改为"白色"，效果如下图所示。

	A	B	C	D	E
1	姓名	北京	上海	广州	深圳
2	张大毛	59	54	54	34
3	李小风	44	32	65	90
4	王小明	43	77	43	89
5	孙小军	65	54	78	90
6	张大毛	59	54	54	34
7	李小风	44	32	65	90
8	王小明	43	77	43	89
9	孙小军	65	54	78	90
10	张大毛	59	54	54	34
11	李小风	44	32	65	90
12	王小明	43	77	43	89
13	孙小军	65	54	78	90
14	张大毛	59	54	54	34
15	李小风	44	32	65	90

3．商务表格排版的"第三板斧"——设置页面布局

01 取消选择【视图】➔【显示】组➔【网格线】复选框。

02 这样可以将表格中的网格线去掉，效果如下页图所示。

	A	B	C	D	E
1	姓名	北京	上海	广州	深圳
2	张大毛	59	54	54	34
3	李小风	44	32	65	90
4	王小明	43	77	43	89
5	孙小军	65	54	78	90
6	张大毛	59	54	54	34
7	李小风	44	32	65	90
8	王小明	43	77	43	89
9	孙小军	65	54	78	90
10	张大毛	59	54	54	34
11	李小风	44	32	65	90
12	王小明	43	77	43	89
13	孙小军	65	54	78	90
14	张大毛	59	54	54	34
15	李小风	44	32	65	90
16	王小明	43	77	43	89

到这里，商务表格的排版就完成了，我们再重温一下排版的"三板斧"："第一板斧"，插入表格，为表格置换一种新样式；"第二板斧"，设置表格的字体效果，通常使用"微软雅黑"字体；"第三板斧"，去除表格中的网格线。只需要这简单的"三板斧"，即可快速将普通表格升级为高端大气的商务表格。

2.9 排序的别样玩法

我们在实际工作的过程中，面对纷繁复杂的数据或其他任何事情，都要养成一种分类意识，如可以将每天需要做的事情根据四象限法则进行分类，这样思路会比较清晰，处理事情时也会更加有条理。

2.9.1 将单元格按颜色排序

使用Excel表格将要做的事情记录下来，然后使用不同的颜色按照重要与紧急程度对事情进行标记，最后使用Excel的排序功能，将相同颜色，即同等重要和紧急的事情集中排列在一起，方便处理。

01 打开"素材\ch02\2.9.xlsx"文件。在素材文件中，已对要处理的事情进行了分类，其中 "红色"字体表示"重要且紧急"，"绿色"表示"重要但不紧急"。选择数据区域中的任一单元格，单击【数据】➔【排序和筛选】组➔【排序】按钮。

02 弹出【排序】对话框，将【主要关键字】设置为"部门"，【排序依据】设置为"字体颜色"，【次序】设置为"红色"，单击【确定】按钮。

03 可以将所有的红色文本排在一起。

	A	B
1	序号	部门
2	2	人事部
3	8	财务部
4	11	财务部
5	31	财务部
6	32	人事部
7	37	财务部
8	49	财务部
9	1	财务部
10	3	财务部
11	4	人事部
12	5	生产部

04 使用同样的方法，将绿色文本排在一起。单击【排序】按钮，调出【排序】对话框，单击【复制条件】按钮。

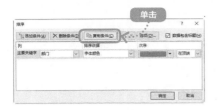

05 复制一个相同的排序条件，将【次序】改为"绿色"，单击【确定】按钮。

06 可以看到已将所有的绿色文本排在一起。这样我们就可以先集中精力处理"重要且紧急"的事情，再处理"重要但不紧急"的事情。

	A	B
1	序号	部门
2	2	人事部
3	8	财务部
4	11	财务部
5	31	财务部
6	32	人事部
7	37	财务部
8	49	财务部
9	4	人事部
10	13	财务部
11	19	财务部
12	22	人事部
13	1	财务部
14	3	财务部

TIPS

若要恢复之前的排序，选择"序号"列的任意单元格，单击【数据】➔【排序和筛选】组➔【升序】按钮即可。

2.9.2　每隔一行插入一个空行

在表格中输入内容后，有时需要在每一行下方增加一个空行，一行行执行插入行命令，费时又费力。这时可以巧用Excel的排序功能，按"序号"每隔一行插入一个空行。

01 打开"素材\ch02\2.9.xlsx"文件。选择所有的序号，即选择A2:A52单元格区域，按【Ctrl+C】组合键进行复制，再选择A53单元格，按【Ctrl+V】组合键粘贴，然后选择A列，单击【数据】➔【排序和筛选】组➔【升序】按钮。

02 弹出【排序提醒】对话框，单击选择【扩展选定区域】单选项，单击【排序】按钮。

	A	B
1	序号	部门
2	1	财务部
3	1	
4	2	人事部
5	2	
6	3	财务部
7	3	
8	4	人事部
9	4	
10	5	生产部
11	5	
12	6	生产部
13	6	
14	7	财务部
15	7	

03 可以看到每隔一行插入了空行，效果如右图所示。

TIPS

若要插入2个空行，可以再复制一次序号，然后对"序号"列进行排序即可。

这些小技巧都很实用。在工作过程中，我们一定要保持一种主观能动性，多思考这项工作怎么做可以更有效率，怎样才能更简便，要不断地探索总结。

2.10 多列数据合并成一列显示

这里主要介绍使用公式将多列数据合并成一列显示的方法。在正式介绍之前，先来了解一下关于公式的基础知识。

2.10.1 公式的表达

公式一般是以等号开头的表达式。在B2单元格中输入公式"="张三""，按【Enter】键，单元格中即显示公式引号中的内容，如下图所示。

在C2单元格中输入公式"=A2"，按【Enter】键，结果是引用的A2单元格中的数值。

如果将C2单元格中的公式改为"="A2""，那么会直接输出文本"A2"。

TIPS

在使用公式进行表达时，Excel会自动检测公式中的内容，其类型一般分为4种，即数值、文本字符串、单元格引用、定义的名称。Excel根据检测到的类型，输出相应的结果。如公式"=A2"，表示引用单元格 A2 的值，公式"="A2""则表示的是一个文本字符串。

此外，还可以在直接在单元格中输入"=8"，作用是直接在单元格中显示数字8。

如果为数字8加上双引号会怎样呢？

如上图所示，Excel会将其作为文本处理，可以看到单元格中显示的是文本格式的数字"8"。

如果公式中的内容不在Excel能识别的范围内（即不是数值、文本字符串、单元格引用、定义的名称中的任何一种），则会出现错误提示。如在单元格中输入公式"=a4b"，按【Enter】键，Excel则会返回"#NAME?"错误值。

在单元格中输入常量"1"，然后在其右侧的单元格中输入公式"=1"。

此时选择C8:D8单元格区域，并将鼠标指针移至D8单元格的右下角，当鼠标指针变为➕形状时，按住鼠标左键向下拖曳，可以看到常量"1"与公式"1"的填充结果不同，公式"1"进行拖曳填充后结果不变。

如果在D8单元格中输入公式"=C8"，然后进行拖曳填充，即可看到D8:D13单元格区域引用的值是C8:C13单元格区域的值，其引用的公式也随着拖曳发生了变化。

但如果将公式"=C8"改为"="C8""，其显示的结果是文本格式的"C8"。

2.10.2　单元格的名称

这里先简单介绍一下什么是单元格的名称以及如何为单元格定义名称。

在A8:A13单元格区域中输入如下图所示的数据，然后在A14单元格中输入公式"=SUM(A8:A13)"，按【Enter】键，即可得出A8:A13单元格区域的数据之和。在没有为数据区域命名之前，用"A8:A13"表示要引用的数据区域。

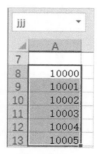

此时，选择A8:A13单元格区域，在名称框中输入"jjj"，即可将该数据区域命名为"jjj"。

此时在公式中，就可使用"jjj"来代替之前的"A8:A13"单元格区域。如输入公式"=SUM(jjj)"，即可得出同样的结果。

TIPS

在输入公式"=SUM(jjj)"中的第1个"j"时，会自动弹出之前命名的单元格区域名称"jjj"。此时按【Tab】键，即可自动输入该名称。

30 天精学 Excel——
从菜鸟到数据分析高手

定义单元格名称的另一种操作方式是：单击【公式】➔【定义的名称】组➔【名称
管理器】按钮，调出【名称管理器】对话框，在其中可以对名称进行新建、编辑、删除等
操作。

2.10.3　连接符应用1

打开素材文件"2.10.xlsx"，选择Sheet1工作表，完成2个任务：第
1个任务需要在A列的每个单元格内容后面加上"类"字，并将结果显示在
"任务1"列中；第2个任务是在A列的每个单元格内容的前后分别加上字
符，将结果显示在"任务2"列中。

01 在B2单元格中输入公式"=A2&"类""，
按【Enter】键，即可得出结果。

时都应给文本字符串加上引号，并
且必须是英文状态下的引号。

②"&"可以连接字符串也可连
接引用，"&"与数值型数据连接时
会将其转化为文本。

③ 任何单元格内容被"&"
连接后，最终返回的都是文本字
符串。

02 将鼠标指针放在B2单元格的右下角，
当其变为✚形状时，按住鼠标左键向下拖
曳，即可快速填充其他单元格。

TIPS

公式"=A2&"类""中的"A2"
是一个单元格地址的引用，""类""
是一个字符串，二者不可直接连续
出现在公式中，需要使用"&"连接
符，将二者连接起来才可使用。

"&"连接符在使用时需要注意
以下几点。

①"&"与任何文本字符串连接

第2个任务需要在A列单元格内容前面加上"is_"，在后面加上"_nm"，将结果显示在"任务2"列中。

03 选择C2单元格，输入公式"="is_"&A2&"_nm""。

C2			×	✓	fx	="is_"&A2&"_nm"

	A	B	C	D	E
1	数据	任务1	任务2		
2	A	A类	is_A_nm		
3	B	B类			
4	C	C类			
5	A	A类			
6	B	B类			

04 使用自动填充功能，快速填充其他单元格。

	A	B	C
1	数据	任务1	任务2
2	A	A类	is_A_nm
3	B	B类	is_B_nm
4	C	C类	is_C_nm
5	A	A类	is_A_nm
6	B	B类	is_B_nm
7	C	C类	is_C_nm
8	A	A类	is_A_nm
9	B	B类	is_B_nm
10	C	C类	is_C_nm
11	A	A类	is_A_nm
12	B	B类	is_B_nm
13	C	C类	is_C_nm

2.10.4 连接符应用2

打开素材文件"2.10.xlsx"，选择Sheet2工作表，这里需要将"销量"列和"单位"列的数据合并，并将合并结果显示在"合并"列中。

01 选择C2单元格，在其中输入公式"=A2&B2"，按【Enter】键即可得到合并结果。

C2			×	✓	fx	=A2&B2

	A	B	C	D
1	销量	单位	合并	
2	200	个	200个	
3	300	包		
4	255	把		
5	351	台		
6	255	支		
7	258	个		
8	368	台		
9	204	包		
10				

TIPS

在公式"=A2&B2"中，"&"连接符连接的是 2 个引用单元格，表示将 A2 单元格的值与 B2 单元格的值合并在一起。

02 使用自动填充功能，拖曳鼠标，填充其他单元格。

	A	B	C
1	销量	单位	合并
2	200	个	200个
3	300	包	300包
4	255	把	255把
5	351	台	351台
6	255	支	255支
7	258	个	258个
8	368	台	368台
9	204	包	204包
10			

2.11 超链接的使用

我们使用超链接不仅可以在不同工作表之间切换，还能通过超链接整理杂乱的文档资料。

2.11.1 链接至本文档中的位置

如果希望将同一工作簿中第1个工作表中的B11单元格链接至第3个工作表中的A10000单元格，并且能返回第1个工作表的B11单元格，可以使用以下方法。

01 打开 "素材\ch02\超链接.xlsx" 文件，选择 "Sheet1" 工作表中的B11单元格，单击鼠标右键，在弹出的快捷菜单中选择【链接】命令。

02 打开【插入超链接】对话框，在【链接到】区域选择【本文档中的位置】选项，在【或在此文档中选择一个位置】列表框中选择【Sheet3】选项，在【请键入单元格引用】文本框在输入 "A10000"，单击【确定】按钮。

TIPS

此外，还可以设置要显示的文字，这一操作相对简单，有兴趣的读者可以更改文本框中的内容试试效果。

03 可以看到创建超链接后的效果，文字会以蓝色字体显示，并在底部显示下划线。

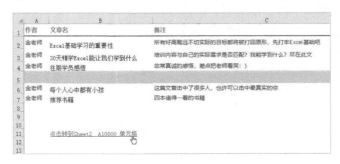

04 单击B11单元格即可快速定位到"Sheet3"工作表中的A10000单元格。

05 如果要返回"Sheet1"工作表中的B11单元格，可以选择B10000单元格并单击鼠标右键，在弹出的快捷菜单中选择【链接】命令，在【插入超链接】对话框中进行设置。

06 单击B10000单元格即可返回"Sheet1"工作表中的B11单元格。

TIPS

　　如果工作簿中有几十张工作表，在工作表间切换就会耗费大量时间，这时就可以在第1张表格中制作一个目录，创建不同的链接指向不同的工作表。要从每一张表返回总目录，也可以创建一个链接。

2.11.2　链接到其他文档

如果有很多要处理的文档，可以先将文档分类，然后将文档名称归纳到Excel中，使用超链接功能链接至该文档，这样就可以提高查找文档资料的效率。

01 选择B2单元格并单击鼠标右键，在弹出的快捷菜单中选择【链接】命令。

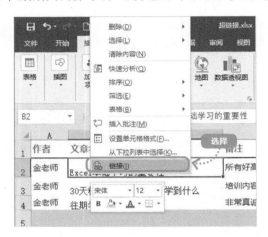

02 打开【插入超链接】对话框，在【链接到】区域选择【现有文件或网页】选项，然后选择要连接的文档，单击【确定】按钮。

03 可以看到创建超链接后的效果，单击插入的超链接，即可打开相应的文档。

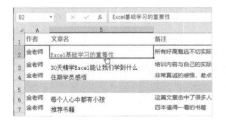

04 使用同样的方法，即可为其他文档创建超链接。

本章回顾

　　本章主要介绍在实际工作中运用Excel要掌握的"基本功"，基本功不是多么高深的技巧，却是提升办公效率的关键。基本功扎实，学习其他内容才会得心应手。

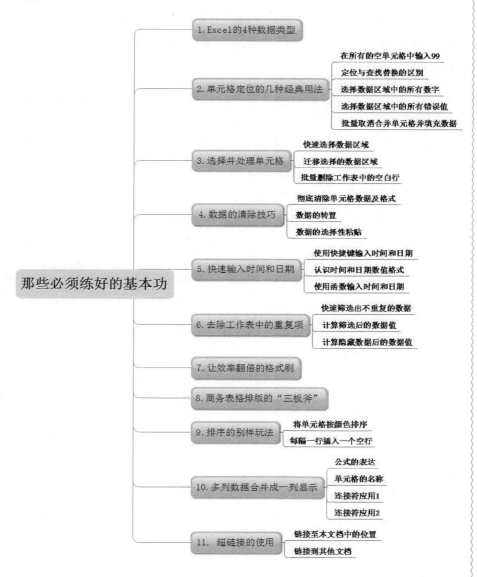

那些必须练好的基本功

1. Excel的4种数据类型

2. 单元格定位的几种经典用法
　　在所有的空单元格中输入99
　　定位与查找替换的区别
　　选择数据区域中的所有数字
　　选择数据区域中的所有错误值
　　批量取消合并单元格并填充数据

3. 选择并处理单元格
　　快速选择数据区域
　　迁移选择的数据区域
　　批量删除工作表中的空白行

4. 数据的清除技巧
　　彻底消除单元格数据及格式
　　数据的转置
　　数据的选择性粘贴

5. 快速输入时间和日期
　　使用快捷键输入时间和日期
　　认识时间和日期数值格式
　　使用函数输入时间和日期

6. 去除工作表中的重复项
　　快速筛选出不重复的数据
　　计算筛选后的数据值
　　计算隐藏数据后的数据值

7. 让效率翻倍的格式刷

8. 商务表格排版的"三板斧"

9. 排序的别样玩法
　　将单元格按颜色排序
　　每隔一行插入一个空行

10. 多列数据合并成一列显示
　　公式的表达
　　单元格的名称
　　连接符应用1
　　连接符应用2

11. 超链接的使用
　　链接至本文档中的位置
　　链接到其他文档

作者寄语

- **打实基本功的重要性**

当下，我们要警惕"快餐文化"，不要过于追求表面的东西，而忽略了基本功的训练。

我们需要知道，任何深厚的底蕴都需要长时间的培养，任何高强的功夫都需要刻苦训练。要想成为高手，不得不练的就是基本功，基本功扎实了，学什么都会很快，学习Excel同样如此。

所谓学习的最短路径，往往是在基本功上下苦功夫。任何技巧如果不建立在基本功的基础上，都会事倍功半。终身学习的理念是我们必须要具备的，而练好基本功就是我们学习任何技能的捷径。

希望读者能摆正自己的态度，努力练好Excel基本功，在工作中通过Excel为自己开辟新的升职加薪之路。

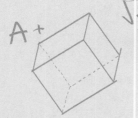

第 3 章

高效数据分析前篇——
数据整理

本章主要介绍Excel中与数据整理相关的操作，
如文本型数据与数值型数据的快速转化以及数据分列
的使用等，这些功能在工作中常用于整理凌乱的数据，
可以使数据更规范。

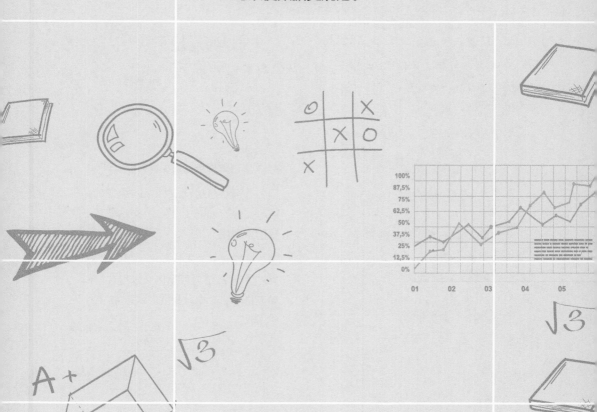

3.1 文本型数据与数值型数据的快速转化

掌握文本型数据与数值型数据的转化方法是非常必要的，因为Excel经常需要与其他的软件系统交换数据，这就涉及数据格式的规范化问题。从其他系统将数据导入Excel中，需要将文本型数据转化为数值型数据，但从Excel将数据回传到其他系统中，如ERP系统，就应遵循该系统对数据格式的要求，将数值型数据转化为文本型数据。

1. 将文本型数据转化为数值型数据

在Excel中，文本型数据常左对齐显示，而数值型数据常右对齐显示。单元格左上角的绿色小箭头表示该单元格为以文本形式存储的数字，可直接将其转换为常规数字。

01 打开"素材\ch03\3.1.xlsx"文件，可以看到B2单元格左上角显示有绿色小箭头，说明此数值是文本格式。

02 选择B2单元格，单击B2单元格左侧 的下拉箭头，在弹出的下拉列表中选择【转换为数字】选项。

03 可以看到单元格左上角的绿色小箭头消失，单元格中数值右对齐，表明已经将文本型数据转化为数值型数据。

TIPS

在英文输入状态下输入一个单引号，后面接一串数字，可直接生成以文本格式保存的数字。此外，也可以在选择单元格区域后，按【Ctrl+1】组合键，在【设置单元格格式】对话框中选择【文本】选项，单击【确定】按钮，将单元格区域设置为文本格式，再输入数据，数据就可以以文本格式存储了。

2. 文本型数据与数值型数据的比较

文本与数值是2种不同类型的数据，在Excel的规范中，规定文本型数据大于数值型数据。

01 在打开的"3.1.xlsx"文件中，可以看到A7单元格中的数据以文本形式存储，B7单元格中的数据以数值形式存储。

02 首先选择C7单元格，然后输入公式"=A7>B7"。

03 按【Enter】键，可以看到C7单元格中显示"TRUE"，表明这个公式是成立的，但明显"1"是小于"789"的，这也就说明在Excel中文本型数据大于数值型数据。

04 将A7单元格中的文本型数据转化为数值型数据，可以看到C7单元格中显示"FALSE"。

3. 文本数据的计算

以文本形式存储的数字经过"+""−""*""/""−−"等运算符号的运算，可以直接转化为数值形式的数字，可以参与数学意义上的计算或比较大小。

01 在打开的"3.1.xlsx"文件中，可以看到A12、A13单元格中的数据均以文本形式存储，选择B11单元格，输入"=A12+A13"，按【Enter】键，即可看到计算结果为"17"。

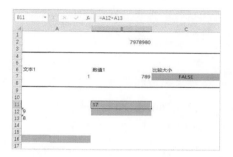

02 选择B12单元格，输入"=A12−A13"，按【Enter】键，即可看到计算结果为"1"。

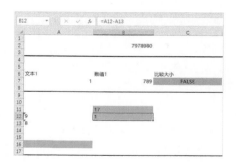

03 选择A16单元格，输入"=SUM(A12:A13)"，按【Enter】键，即可看到仍然显示为"0"。

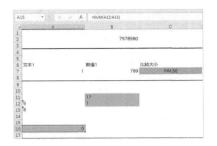

　　在 A16 单元格的 SUM 函数内，没有 "+" "−" "*" "/" "−−" 等运算符号，故其不能把文本型数据转换为数值型数据，而文本在求和统计中被视为 0。

4．大量文本型数据与数值型数据的相互转化

　　如果有大量的数据都是文本型数据，要怎样将其快速转换为数值型数据呢？

`01` 在打开的 "3.1.xlsx" 文件中，选择要转化为数值型数据的单元格区域 A20:A26，单击单元格右侧的下拉按钮，选择【转换为数字】选项。

`02` 这样就可以将选择的文本型数据转换为数值型数据。

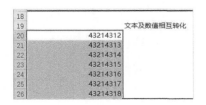

　　那如何将数值型数据转换为文本型数据呢？

　　我们一般都会这么想，先选择要转化为文本型数据的单元格区域，按【Ctrl+1】组合键，在【设置单元格格式】对话框中将单元格格式设置为【文本】格式。

　　经过这种操作后，可以看到数据左对齐，好像是文本型数据，但标准的文本型数据左上角应该有绿色小箭头。可这样理解，这时单元格是文本格式，但其中的数据内容仍然是数值格式，相当于将数值数据放到文本类型的单元格中，二者并没有保持一致。

　　这时可以双击单元格，进入编辑状态后，按【Enter】键，可以看到单元格左上角会显示绿色小箭头。但这种方法需要一个个地设置，如果数据很多，工作量会非常大。

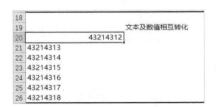

那到底要怎么做呢？

01 首先需要将要粘贴到目标位置的单元格区域设置为文本类型，如将C20:C26单元格区域设置为文本类型。

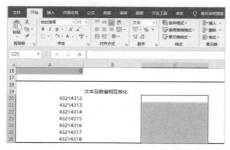

02 新建一个文本文档，然后将需要转换为文本格式的数据粘贴至该文本文档中，再次复制文本文档中的数据至C20:C26单

元格区域即可。

TIPS

文本文档只能复制看得见的数据，它能起到过滤器的作用。此外，如果需要将 Word 中的数据复制到 Excel 中，数据会带有 Word 中设置的格式，这时也可以通过文本文档清除格式，然后将数据复制到 Excel 中。

3.2 带你了解Excel的科学记数法显示模式

Excel中能直接在单元格内显示的最大整数为11位，能够支持的最大整数为15位。

在"3.1.xlsx"文件的A30单元格中输入11位数据"12345678901"，可以看到数据能正常显示，如果在A32单元格中输入12位数据"123456789012"，Excel则会以科学记数法显示。

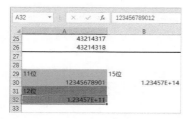

在单元格中，数据从第12位开始就以科学记数的形式显示，但在编辑栏中依

然可以看到完整的数值。

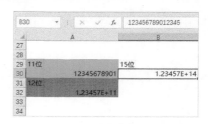

多于15位的整数已经超出Excel的能力范围，从第16位起的位数都以0来代替。

3.3 数据分列

打开"素材\ch03\3.3.xlsx"文件，可以看到所有的数据都显示在A列单元格中，因为这些数据都是从银行系统中导入Excel的。我们在工作中经常会遇到从企业软件导入Excel的数据，不同软件的数据的格式是不一致的，这时就需要对这些数据进行整理，将其分隔至不同单元格中，方便计算。

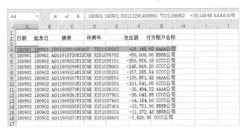

那么第1种分隔数据的方法是观察原始数据是否有规律的分隔符号，如果有，则将其作为分隔依据；如果没有，可以使用第2种方法，手动添加分隔线进行分隔。

方法一的具体操作如下。

01 在打开的"素材\ch03\3.3.xlsx"文件中，选择A列，单击【数据】➡【数据工具】组➡【分列】按钮。

02 打开【文本分列向导】对话框，选择【分隔符号】单选项，单击【下一步】按钮。

TIPS

选择【分隔符号】就是使用数据区域中的某个有规律的符号作为分隔依据。

03 在【分隔符号】区域选择分隔符号，这里选择【空格】复选框，即可在【数据预览】区域看到添加分隔线后的效果，单击【下一步】按钮。

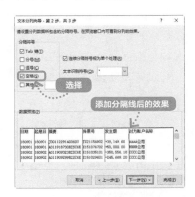

04 在原始数据中可以看到日期和起息日的数据显示为"180901"格式，这是银行系统的日期格式，并非Excel默认的日期格式，这时就需要把日期格式设置为

Excel能识别的格式。选择第1列后，选择
【日期】单选项，并在右侧选择【YMD】
格式。

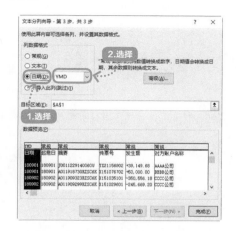

05 选择第2列，再次选择【日期】单选
项，并在右侧选择【YMD】格式，单击【完
成】按钮即可看到分隔数据后的效果。

06 选择区域内所有列，将鼠标指针放在
任意2列之间，当鼠标指针变为 ✛ 形状
时，双击即可自动调整列宽，完整显示所
有数据，最后适当调整标题即可。

方法二的具体操作如下。

01 在打开的"素材\ch03\3.3.xlsx"文件
中，选择A列，单击【数据】➡【数据工
具】组➡【分列】按钮。

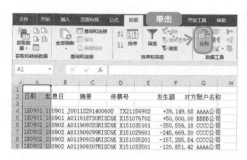

02 打开【文本分列向导】对话框，选择
【固定宽度】单选项，单击【下一步】
按钮。

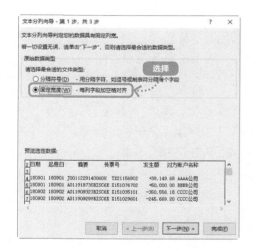

> **TIPS**
>
> 选择【固定宽度】就是在没有
> 明显分隔符号的情况下，人为指定
> 一些分隔线来分隔数据。

03 在【数据预览】区域中需要添加分隔线的位置单击，即可添加一条分隔线，这里有可能会将标题错误分隔，只需要分隔后修改标题即可，单击【下一步】按钮。

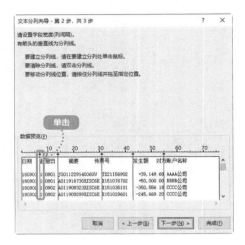

04 依次选择第1列和第2列，选择【日期】单选项，并在右侧选择【YMD】格式，单击【完成】按钮。

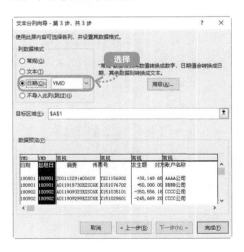

05 调整列宽，显示所有数据，即可看到分隔数据后的效果。

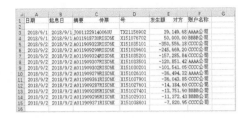

06 调整标题，完成数据分列操作。

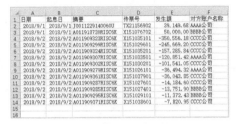

在3.1节中将数值型数据转化为文本型数据时，是使用文档过滤的方法实现的，也可以通过【分列】功能实现。

选择数据后，打开【文本分列向导】对话框，当分列向导进行到第3步时在【列数据格式】区域选择【文本】单选项，单击【完成】按钮即可完成转化。

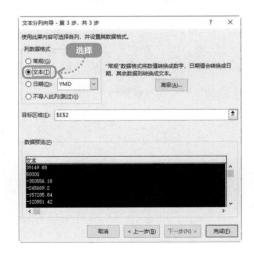

3.4 数据分列案例1：将文本数据变为日期数据

本案例处理的是从考勤机导入Excel中的数据，分别是上班刷卡时间和下班刷卡时间。下图中将B2单元格中的值与C2单元格中的值进行比较，可以看到在E2单元格中显示为"TRUE"，即C2的值大于B2，结果明显与事实不符，这是因为B列的数据是以文本格式出现的，在Excel规范中，文本型数据是大于数值型数据的，这里需要将B列的数据更改为数值型数据。

	A	B	C	D	E	F
1	刷卡1	刷卡2	数值时间		B2与C2比大小是错误的结果	
2	08:14:42	17:25:46	17:30:00		TRUE	
3	08:16:42	17:17:44	17:30:00			
4	08:21:22	17:23:56	17:30:00			
5	08:17:50	17:27:18	17:30:00			
6	08:21:08	17:34:53	17:30:00			
7	08:22:06	17:26:54	17:30:00			
8	08:20:42	17:52:21	17:30:00			

01 打开"素材\ch03\3.4.xlsx"文件，选择A列，单击【数据】➔【数据工具】组➔【分列】按钮。打开【文本分列向导】对话框，保持默认选项，单击【下一步】按钮。

02 在分列向导的第2步中直接单击【下一步】按钮。

03 选择【常规】单选项，单击【完成】按钮。

TIPS

"常规"格式包含的范围较广泛，可以将其理解为 Excel 中数值、货币、时间、日期、百分比、分数等各类默认格式。

04 可以将A列数据转换为时间格式。

	A	B	C
1	刷卡1	刷卡2	数值时间
2	8:14:42	17:25:46	17:30:00
3	8:16:42	17:17:44	17:30:00
4	8:21:22	17:23:56	17:30:00
5	8:17:50	17:27:18	17:30:00
6	8:21:08	17:34:53	17:30:00
7	8:22:06	17:26:54	17:30:00
8	8:20:42	17:52:21	17:30:00
9	8:17:51	17:21:31	17:30:00
10	8:17:31	17:08:08	17:30:00

05 B列数据也可以使用同样的方法设置。另一种方法是将文本型数据进行运算，会将其自动转化为数值型数据，操作方法为先在其他位置，如E10单元格输入数字"1"并复制。

06 选择B列，选择【开始】➔【剪贴板】组➔【粘贴】➔【选择性粘贴】选项。

07 弹出【选择性粘贴】对话框，选择【乘】单选项，单击【确定】按钮。

08 可以看到B列数据变为数值型数据。

09 按【Ctrl+1】组合键，打开【设置单元格格式】对话框，这里选择第1种时间格式，单击【确定】按钮。

10 适当调整表格格式，即可看到E2单元格显示为"FALSE"，表明已经将B列数据更改为日期型。

3.5 数据分列案例2：提取特定符号前的数据

本案例的要求是把每个单元格中"-"左侧的数据提取出来，可以使用文本公式提取，也可以使用分列的方法提取。

01 打开"素材\ch03\3.5.xlsx"文件，选择A列，单击【数据】→【数据工具】组→【分列】按钮。

02 打开【文本分列向导】对话框，选择【分隔符号】单选项，单击【下一步】按钮。

03 在分列向导的第2步中选择【其他】复选框，在右侧文本框中输入"-"，在【数据预览】区域即可看到分列后的效果。单击【下一步】按钮。

04 在分列向导的第3步中直接单击【完成】按钮。

05 这样就可以将"-"左右两侧的数据分列显示。

TIPS

在解决问题时，最好视情况选择最简单的方法，这里如果需要将"–"也显示在分列后的左侧单元格中，使用上面的方法就不能达到目的，此时就可以使用公式解决。

3.6 数据分列案例3：分列并将数据变为文本格式

案例中的数据前有"#"符号，并且数据较长，希望能去除"#"符号，并把数据转化为文本格式。

01 打开"素材\ch03\3.6.xlsx"文件，选择A列，单击【数据】→【数据工具】组→【分列】按钮。

02 打开【文本分列向导】对话框，选择【分隔符号】单选项，单击【下一步】按钮。

03 在分列向导的第2步中选择【其他】复选框，在右侧文本框中输入"#"，在

【数据预览】区域即可看到分列后的效果，单击【下一步】按钮。

04 在分列向导的第3步中选择第2列，选择【文本】复选框，单击【完成】按钮。

05 这样就可以将"#"去掉并将数据变为文本格式。

	A	B
1	客户编号	
2		9321201311272022
3		9316201405061426
4		KH000366958
5		KH000366960
6		KH000366961
7		KH000366962
8		KH000366950
9		KH000366952
10		KH000366953
11		KH000366955
12		KH000366957
13		9317201311273102

3.7 数据分列案例4：ERP导出数据无法定位空值

本案例要处理的是从EPR系统导入Excel的数据，如下图所示，B列应该为日期数据，但单元格中的内容却左对齐显示。此外，通常情况下，日期数据中月份前是没有数字"0"的，但EPR系统在月份前加了数字"0"。最后，需要定位B列的空单元格并填充上方的日期，定位空值时却提示"未找到单元格"。以上几个问题可以使用分列的方法一次解决。

01 打开"素材\ch03\3.7.xlsx"文件，选择B列包含数据的单元格区域，单击【数据】➔【数据工具】组➔【分列】按钮。

02 打开【文本分列向导】对话框，直接单击【下一步】按钮。

03 在分列向导的第2步中单击【下一步】按钮。

04 在分列向导的第3步中选择【常规】单选项，单击【完成】按钮。

> **TIPS**
>
> 这里选择【常规】即可，因为日期格式的文本会自动转化为 Excel 能识别的常规日期格式，而有异常的空单元格也会转化为 Excel 能识别的空单元格。

05 可以看到已经将B列数据更改为日期格式。

06 按【F5】键，打开【定位】对话框，单击【定位条件】按钮。

07 打开【定位条件】对话框，选择【空值】单选项，单击【确定】按钮，可以选择所有空单元格。

08 在B8单元格中输入"=B7"，按【Ctrl+Enter】组合键。

09 可以将B列改为正确的日期格式，并填充至空白单元格中。

3.8 数据分列案例5：将不可计算的数字转化为可以计算的数字

从ERP导出的数据或者从网页、系统数据库提取的数据都有可能出现不能被Excel识别的情况。在对金额列进行计算时，可以看到显示的值均为"0"。

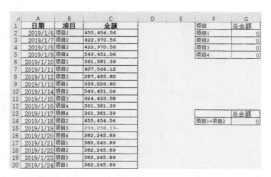

问题1：选择C列任意单元格后，在编辑栏中可以看到数字中间包含千分符"，"，数字后还有其他字符，但无法判断这些看不见的字符到底是什么。

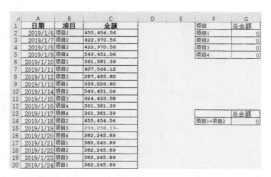

问题2：应该为负的数字，其负号在右边。

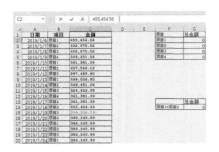

12	2019/1/16	项目4	361,381.39
13	2019/1/17	项目4	361,381.39
14	2019/1/18	项目2	455,454.56
15	2019/1/19	项目3	299,258.19-
16	2019/1/20	项目4	382,245.89
17	2019/1/21	项目1	382,245.89
18	2019/1/22	项目2	382,245.89
19	2019/1/23	项目3	382,245.89

下面我们就来解决这2个问题。

01 打开"素材\ch03\3.8.xlsx"文件，复制C列数字后的符号。

02 选择C列，单击【数据】➔【数据工具】组➔【分列】按钮，打开【文本分列向导】对话框，选择【分隔符号】单选项，单击【下一步】按钮。

03 在分列向导的第2步中选择【其他】复选框，并将复制的符号粘贴至右侧的文本框中，选择【连续分隔符号视为单个处理】复选框，单击【下一步】按钮。

TIPS

选择【连续分隔符号视为单个处理】复选框后，如果有连续相同的分隔符号，可以将其作为单个分隔符号处理。

04 在分列向导的第3步中选择【常规】单选项，单击【完成】按钮。

05 可以看到已经将C列数据更改为Excel能识别的格式，G列中也返回了正确结果。

	A	B	C	D	E	F	G
1	日期	项目	金额			项目	总金额
2	2019/1/6	项目1	455,454.56			项目1	5092229
3	2019/1/7	项目2	422,970.56			项目2	4064386
4	2019/1/8	项目3	422,970.56			项目3	4468557
5	2019/1/9	项目4	549,451.06			项目4	3270119
6	2019/1/10	项目1	361,381.39				
7	2019/1/11	项目2	407,566.12				
8	2019/1/12	项目3	287,485.80				
9	2019/1/13	项目4	699,006.80				
10	2019/1/14	项目1	549,451.06				
11	2019/1/15	项目2	324,433.58				
12	2019/1/16	项目3	361,381.39				
13	2019/1/17	项目4	361,381.39			项目1+项目2	总金额
14	2019/1/18	项目1	455,454.56			项目1+项目2	9156615
15	2019/1/19	项目3	-299,258.19				
16	2019/1/20	项目2	382,245.89				
17	2019/1/21	项目1	382,245.89				
18	2019/1/22	项目2	382,245.89				
19	2019/1/23	项目3	382,245.89				
20	2019/1/24	项目1	382,245.89				
21	2019/1/25	项目2	382,245.89				
22	2019/1/26	项目3	382,245.89				

3.9 表格美化

　　1.4节介绍过商务表格排版的"三板斧"，它属于表格美化的初级方法，这里不再赘述。表格不仅是统计数据的工具，更是用数据沟通的重要方式。数据的准确性是表格质量的基石，而表格清晰易读则能让数据自己说话，大大增强表格的说服力。

　　要让表格美观易读，不得不提及表格美化这项工作。表格美化首先要做好"表面文章"，以提升表格的品质。表格美化通常有以下5步。

　　（1）要保持版面整洁。

　　● 删除多余的单元格内容和格式，去掉表格内所有单元格的边框和填充色。

　　● 尽量少用批注，如果必须使用批注，至少要做到不遮挡其他数据。也可以在需要批注的数据后加*号标注，然后在表格末尾备注。

　　● 利用IF、ISNA、IFERROR等函数消除错误值。

　　● 隐藏或删除零值。如果读表人不喜欢看到有零值，应根据用户至上的原则，将零值删除或显示成小短横线。

　　（2）将同一类记录归在一起，并在不同类别的记录或字段之间增加间距、拉开距离，同时将标题与数据间的间距增大。

　　（3）用添加边框线条与否或其粗细来区分数据的层级，可只在重要的数据上设置边框或加粗边框。比如为重要层级添加边框，明细级数据不添加边框，同一层级应使用同一粗细的边框。如果不是出于以下4个目的之一就不必使用边框：结构化表格、引导阅读、强调突出数据、美化表格。

　　（4）为不同层级的数据设置不同的填充色，可以用填充色进行突出强调。填充色不能太暗也不能太亮，颜色要与字体颜色相协调。填充色种类不能太多，多了会显得花哨。

　　（5）对需要强调的重点数据，设置特别的字体颜色、添加不同的单元格底色、加大加粗文字、添加线条较粗的边框、添加图形标注等。可使用表格主色的互补色对重点数据进行强调。

表格配色是一项专业技术，如果对色彩不敏感，可以模仿、借鉴其他高品质表格的配色，将其应用在自己的表格中。怎样才能获取其他表格的颜色呢？

可以通过一些工具，如TakeColor取色器来获取其他表格的颜色。除此之外，Microsoft Office 2016及以上版本的PowerPoint软件自带取色器，用户可以将要获取颜色的表格截图并粘贴至PowerPoint中取色。打开"素材\ch03\3.9.xlsx"，在"原始表"工作表复制表格中的图片并将其粘贴至PowerPoint中。

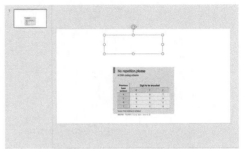

在PowerPoint中绘制一个文本框并选择，在任意一个可以设置颜色的按钮下都可以看到【取色器】选项，选择【取色器】，在要获取颜色的图片位置单击。

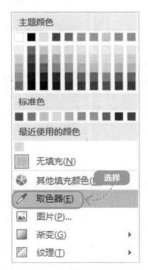
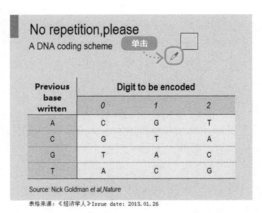

可以看到已获取颜色并填充至文本框中，此时选择【其他填充颜色】选项，在【颜色】对话框的【自定义】选项卡下即可看到红色、绿色、蓝色的颜色值分别为205、221、230。

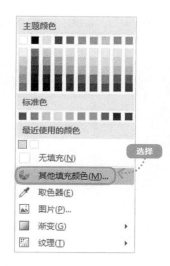

TIPS

　　任何一种颜色都是由红色、绿色、蓝色 3 种颜色混合而成的，各颜色值不一样，混合出的效果就不同。

　　返回Excel中，选择全部单元格，单击【开始】➔【字体】组➔【填充颜色】➔【其他颜色】选项，分别更改红色、绿色、蓝色的颜色值为205、221、230，单击【确定】按钮。

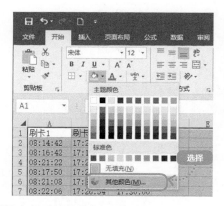

设置填充色后的效果如下图所示。

使用同样的方法，设置表格标题的填充颜色值为184、207、220，表格正文部分的填充颜色值为228、237、242，效果如下图所示。

	A	B	C	D	E	F	G
1	刷卡1	刷卡2	数值时间				
2	08:14:42	17:25:46	17:30:00				
3	08:16:42	17:17:44	17:30:00				
4	08:21:22	17:23:56	17:30:00				
5	08:17:50	17:27:18	17:30:00				
6	08:21:08	17:34:53	17:30:00				
7	08:22:06	17:26:54	17:30:00				
8	08:20:42	17:52:21	17:30:00				
9	08:17:51	17:21:31	17:30:00				
10	08:17:31	17:08:08	17:30:00				
11	08:20:40	17:38:20	17:30:00				
12	08:07:02	17:18:27	17:30:00				

至此，配色完成，但与取色表格的效果看起来差别还是很大，这主要是由于字体和间距有一定差异。根据需要设置【字体】为"微软雅黑"，适当调整行高和列宽并添加边框线，美化后的效果如下图所示。

	A	B	C	D
1	**刷卡1**	**刷卡2**	**数值时间**	
2	08:14:42	17:25:46	17:30:00	
3	08:16:42	17:17:44	17:30:00	
4	08:21:22	17:23:56	17:30:00	
5	08:17:50	17:27:18	17:30:00	
6	08:21:08	17:34:53	17:30:00	
7	08:22:06	17:26:54	17:30:00	
8	08:20:42	17:52:21	17:30:00	
9	08:17:51	17:21:31	17:30:00	
10	08:17:31	17:08:08	17:30:00	
11	08:20:40	17:38:20	17:30:00	
12	08:07:02	17:18:27	17:30:00	
13	08:23:12	17:42:01	17:30:00	

此外，对比下面的2张表，左侧的表格不容易阅读，容易造成视觉疲劳，而右侧的表格就显得标题醒目、有层次、专业。

本章回顾

这一章主要介绍了一个很实用，但又鲜为人知的功能——分列。我们通过分列功能可以实现数据类型的转化、提取特定的数据，将从ERP、网页或数据库导入Excel的数据转换为Excel可以识别的数据。

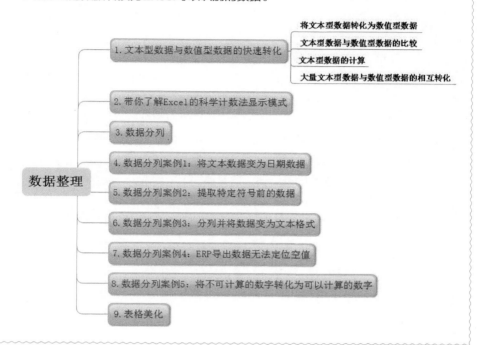

作者寄语

• 整理Excel数据的重要性

Excel处理数据自有一套规则，在整理数据时，应遵循以下这些规则，这样处理数据会更准确、高效。

（1）一个单元格一个属性，如数量和单位不能放于同一个单元格中。

（2）合并单元格可用在不需要进行下一步统计汇总的表格中，在数据源表中禁止合并单元格。一个规范的数据源表应该将所有单元格填满，有一条记录一条，每一行数据完整、结构一致。

（3）表格标题不放在工作表中。Excel的标题行用于存储每列数据的属性，如"年龄""职务""销售量"等，是筛选和排序的字段依据。所以，不能用标题占用工作表首行，在工作表和工作簿名称中将标题标识出来就可以。

（4）勿用空行空列隔断数据，在数据源表中添加空行会影响数据的连续性。如果确实需要将数据分隔开，可以通过将单元格边框加粗、改变单元格填充色等方法实现。

（5）不要添加多余的合计行。一张规范的数据源表，不应该有多余的合计行。一边输入数据，一边求和，是不可取的。正确的做法是，先录入数据，然后再合计。数据源表为一张表，汇总表为另一张工作表或在其他区域。汇总可以使用函数、数据透视表等完成。

（6）同类型数据尽量使用一张工作表记录，不在同一张工作表中，筛选、排序、引用和汇总的难度会增大不少，非常不利于操作。

特别是在刚接触Excel，对一些技能还没有掌握时，应尽量地将数据规范化，虽然解决的都是很小的问题，但在处理数据时这些操作可以帮我们节约很多工作时间。当然，对于工作表的美化，情况又不同，不过最好保证有一份标准、规范的源文档，这样遇到不同情况时，后续处理会相对简便一些。

第4章

通配符与查找功能
的结合运用

使用通配符与查找替换功能，也可以整理好凌乱的数据，提高数据分析的准确性。

4.1 "?""*"通配符的经典运用

Excel中的通配符有星号（*）和问号（?）2种，它们到底是做什么用的，能用在哪里？

先来做个假设，如果要从上千名员工中查找出"张"姓员工的工资总额是多少，但姓张的员工的名字可能有2个字、3个字甚至4个字，那么该如何表达以指代不同长度的员工姓名呢？

再有，如果要查找出姓张，但名字是2个字的员工，或者姓张，但名字是3个字的员工，该如何表达以指代特定长度的员工姓名呢？通配符正是为解决这些问题而设计的。

星号（*）：可以代替0个或多个字符。

问号（?）：可以代替且必须代替1个字符。

了解了这个知识，要解决上面的问题就简单多了。

把公司所有张姓员工的姓名表达出来，可以用"张*"。

把公司姓张，名字是2个字的员工表达出来，可以用"张?"。

把公司姓张，名字是3个字的员工表达出来，可以用"张??"。

查找通配符本身可用"~*"或"~?"来表示。

TIPS

当我们在计算机中查找文件或文件夹时，可以使用通配符来代替 1 个或多个字符；当不知道包含的字符或不想输入完整名字时，常常使用通配符代替 1 个或多个字符。

星号（*）可以代替 0 个或多个字符。如果正在查找以"AEW"开头的一个文件，但不记得文件名其余部分，可以输入"AEW*"，查找以"AEW"开头的所有类型的文件，如 AEWT.txt、AEWU.exe、AEWI.dll 等。要缩小范围可以输入"AEW*.txt"，即可查找以"AEW"开头并以".txt"为扩展名的文件，如 AEWIP.txt、AEWDF.txt 等。

问号（?）可以代替 1 个字符。如果输入"love?"，则表明查找文件名以"love"开头，其后有另 1 个字符的任意类型的文件。要缩小范围可以输入"love?.doc"，则表明查找上述条件下以".doc"为扩展名的文件，如 lovey.doc、loveh.doc 等。

通配符也可用于英文搜索，如输入"computer*"，就可以找到 computer、computers、computerised、computerized 等单词，而输入"comp?ter"，则只能找到 computer、compater、competer 等单词。

在Excel中使用通配符查找时，可以先选择要查找的区域，如果选择任意单元格，Excel会默认在整张工作表中查找。

4.1.1 找出只有"张三"2个字的单元格

如果要精确查找某个数据，可直接输入要查找的内容。找出只有"张三"2个字的单元格的具体操作步骤如下。

01 打开"素材\ch04\4.1.xlsx"文件，在"查找"工作表中选择C3:C22单元格区域，按【Ctrl+F】组合键，或单击【开始】➔【编辑】组➔【查找和选择】按钮的下拉按钮，在下拉列表中选择【查找】选项。

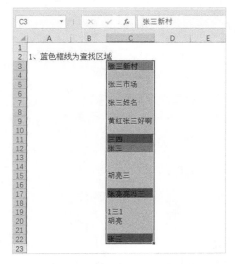

02 打开【查找和替换】对话框，在【查找内容】文本框中输入"张三"，单击【查找全部】按钮。

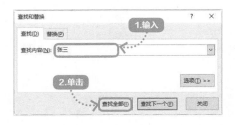

03 可以看到下方显示出查找结果，共有6个单元格包含"张三"，与要求的"只有'张三'2个字"不符。

04 单击【选项】按钮，展开选项区域，选择【单元格匹配】复选框，选择C3:C22单元格区域，单击【查找全部】按钮。

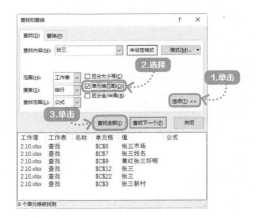

TIPS

选项区域的选项的含义如下。

【范围】：包含2个选项，默认为"工作表"，当需要在工作簿中进行查找时，可选择"工作簿"选项。

【搜索】：包含"按行"和"按列"2项。

【查找范围】：包含"公式""值"和"批注"3个选项，其用法会在4.1.7小节介绍。

【区分大小写】：查找英文时使用，选择该选项，将区分大小写，否则不区分大小写。

　　【单元格匹配】：选择该选项时，将在查询区域查找与查询内容完全匹配的单元格；不选择时，则查找所有包含查找查询内容的单元格。

　　【区分全 / 半角】：作用是选择查找时是否区分全角和半角，选择该选项则区分，否则不区分。

05 可以看到结果中仅包含2个单元格，按住【Shift】键，选择下方的2个结果。

06 在数据区域的"张三"单元格上单击鼠标右键，在弹出的快捷菜单中选择【复制】命令。

07 选择要复制到的位置，按【Ctrl+V】组合键，即可将查找到的目标单元格粘贴到指定位置。

4.1.2　找出所有内容以"三"结尾的单元格

　　如果要找出所有内容以"三"结尾的单元格，在"三"前面可能有多个字符，就需要使用通配符"*"，具体操作步骤如下。

01 选择C3:C22单元格区域，按【Ctrl+F】组合键，打开【查找和替换】对话框。在【查找内容】文本框中输入"*三"，单击【查找全部】按钮。

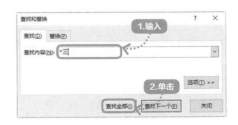

02 可以看到查询后仍然包含多个结果，这是由于Excel把所有包含"*三"的单元格都找出来了。

03 为了找出所有内容以"三"结尾的单元格，可以单击【选项】按钮，选择【单元格匹配】复选框，再次选择C3:C22单元格区域，单击【查找全部】按钮。

> **TIPS**
>
> 不选择【单元格匹配】复选框时，代表一种包含关系，是指在查询区域中，所有包含了"*三"内容的单

元格，都视为我们所需要的目标单元格。Excel作为一种程序，在此包含关系下，会尽可能地把所有满足条件的结果显示出来，这里"*三"中的"*"在什么都不指代的情况下，返回的值最多，所以，在此种查询模式下，查找"*三"和查找"三"，返回的结果是一样多的。为了实现只找出内容以"三"结尾的单元格的目标，可以选择【单元格匹配】复选框，此时Excel处于查询内容与查询区域单元格完全匹配的查找关系下。

04 可以看到已经显示出所有内容以"三"结尾的单元格。

05 重复复制、粘贴的操作，将查找到的结果粘贴至左侧单元格区域。

4.1.3 找出含有"三"，并且内容是2个汉字的单元格

如果要找出含有"三"，并且内容是2个汉字的单元格，需要注意在"三"的前面或后面可能有一个汉字，这时就需要使用通配符"?"，具体操作步骤如下。

01 选择C3:C22单元格区域，按【Ctrl+F】组合键，打开【查找和替换】对话框。在【查找内容】文本框中输入"?三"，在【选项】区域选择【单元格匹配】复选框，单击【查找全部】按钮，即可显示结果。

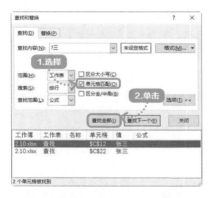

02 选择搜索到的结果，将其复制并粘贴至左侧的空白单元格区域。

03 在【查找内容】文本框中输入"三?"，在【选项】区域选择【单元格匹配】复选框，选择C3:C22单元格区域，单击【查找全部】按钮。

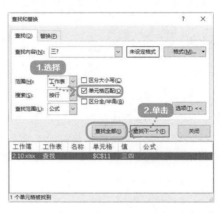

04 选择搜索到的结果，将其复制并粘贴至左侧的空白单元格区域。

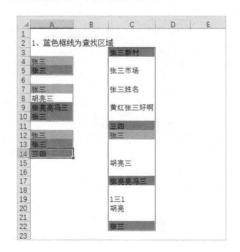

4.1.4　找出所有带"三"，并且单元格填充色为红色的单元格

　　如果要找出所有带"三"，并且单元格填充色为红色的单元格，只需要查找"三"并设置查找格式即可，具体操作步骤如下。

01 选择C3:C22单元格区域，按【Ctrl+F】组合键，打开【查找和替换】对话框。在【查找内容】文本框中输入"三"，单击【格式】按钮。

TIPS

　　如果要查找的单元格填充色不是Excel自带的标准颜色，可以单击【格式】按钮右侧的下拉按钮，选择【从单元格选择格式】选项，之后在要查找的单元格上单击即可。

02 弹出【查找格式】对话框，单击【填充】选项卡，选择"红色"，单击【确定】按钮。

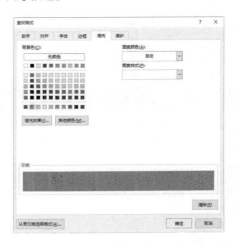

03 返回【查找和替换】对话框即可看到预览效果，撤销选择【单元格匹配】复选框，选择C3:C22单元格区域，单击【查找全部】按钮。

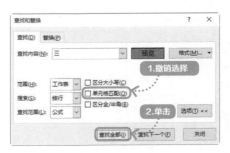

04 可以看到已经找出所有带"三",并且单元格填充色为红色的单元格。

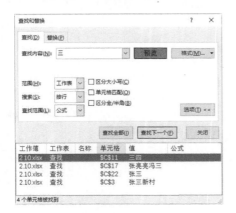

05 重复复制、粘贴的操作,将查找到的结果粘贴至左侧的空白单元格区域。

4.1.5 查找通配符本身

在有些单元格中会用"*"符号来表示2个数相乘,如果需要将"*"全部替换为"×"号,就需要查找通配符本身。

01 选择C26:C35单元格区域。

02 按【Ctrl+F】组合键,打开【查找和替换】对话框。选择【替换】选项卡,在【查找内容】文本框中输入"~*"。

03 在【替换为】文本框中输入"×",单击【全部替换】按钮。

04 弹出提示框,提示替换完成,单击【确定】按钮。

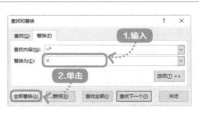

05 可以看到将通配符"*"替换为"×"后的效果。

4.1.6 将包含特定文字的单元格内容替换为数字

如果需要将所有包含"张三"字样的单元格内的全部内容替换为99（如下图所示），该怎么操作呢？

此时，如果直接设置【查找内容】为"张三"，【替换为】为"99"，单击【全部替换】按钮，会发现仅将"张三"替换为"99"，而并非单元格内的全部内容。

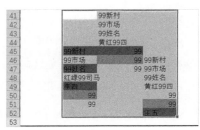

这时，可以使用通配符"*"解决问题。

01 选择B41:D52单元格区域。

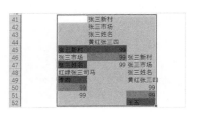

02 按【Ctrl+F】组合键，打开【查找和替换】对话框。选择【替换】选项卡，在【查找内容】文本框中输入"*张三*"。

03 在【替换为】文本框中输入"99"，单击【全部替换】按钮。

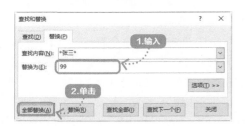

04 弹出提示框，提示替换完成，单击【确定】按钮。

05 可以看到将所有包含"张三"字样的单元格内的全部内容替换为"99"后的效果。

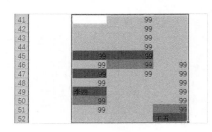

4.1.7　查找值或公式

如果单元格内容为公式值，而公式值由公式表达式生成，那就存在一个问题：查找时，是查找公式值的表达式本身还是最终生成的结果值呢？【查找范围】下拉列表中包含"值"和"公式"选项，【查找范围】为"值"时，只查找公式生成的结果是否符合查找值；而【查找范围】为"公式"时，只查找公式构成元素本身有没有符合要求的查找值，而忽略公式所生成的结果。下面介绍"值"与"公式"的区别。

01 在B56单元格中输入公式"=1+2"，结果为"3"；在B57单元格中输入公式"=3"，结果为"3"；在B58单元格中输入公式"=1+3+7"，结果为"11"，B59单元格中的内容为常量值"3"。选择B56:B58单元格区域。

02 按【Ctrl+F】组合键，打开【查找和替换】对话框。选择【查找】选项卡，在【查找内容】文本框中输入"3"，单击【选项】按钮。

03 在【查找范围】下拉列表中选择【公式】选项，单击【查找全部】按钮。

04 在查询结果中可以看到B57和B58这2个单元格，这2个单元格的表达式中均包含数字"3"。

05 选择B56:B58单元格区域，在【查找范围】下拉列表中选择【值】选项，单击【查找全部】按钮。

06 在查询结果中可以看到B57和B56这2个单元格，这2个单元格的表达式的计算结果均为数字"3"。

TIPS

对于常量值来说，不存在"公式"或"值"的区别。

4.1.8　查找公式值并设置样式

如果要找出单元格区域中所有内容为"TRUE"的单元格并为其设置红色背景色，具体操作步骤如下。

01 选择C63:C77单元格区域。

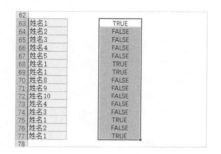

02 按【Ctrl+F】组合键，打开【查找和替换】对话框。选择【查找】选项卡，在【查找内容】文本框中输入"TRUE"。

03 单击【选项】按钮，选择【查找范围】为"值"，单击【查找全部】按钮。

04 可以看到已经找到所有单元格公式值为"TRUE"的单元格，在查找结果中选择任意结果，按【Ctrl+A】组合键即可选择所有单元格。

05 单击【开始】➔【字体】组➔【填充颜色】按钮的下拉按钮，选择"红色"，即可将单元格区域中内容为"TRUE"的单元格设置为红色背景色。

63	姓名1	TRUE
64	姓名2	FALSE
65	姓名3	FALSE
66	姓名4	FALSE
67	姓名5	FALSE
68	姓名1	TRUE
69	姓名1	TRUE
70	姓名8	FALSE
71	姓名9	FALSE
72	姓名10	FALSE
73	姓名4	FALSE
74	姓名3	FALSE
75	姓名1	TRUE
76	姓名2	FALSE
77	姓名1	TRUE

4.2 利用替换、分列、填充功能综合整理财务数据

本节通过整理财务数据，综合介绍替换、分列、填充功能的使用方法。该案例使用的是从财务软件导入Excel中的数据。

	A	B	C	D
1	科目代码	科目名称	本期借方发生额	本期贷方发生额
2	6602	管理费用	499700	407116.47
3	6602.01	工资	242000	220894.83
4	6602.01	[001]公司总部/[0]率质量成本	30000	30423.64
5	6602.01	[003]人力资源部/[0]率质量成本	80000	78888.95
6	6602.01	[004.01]采购部/[0]率质量成本	30000	22582
7	6602.01	[004.02]计划部/[0]率质量成本	20000	13740.77
8	6602.01	[005.01]会计部/[0]率质量成本	30000	29552.17
9	6602.01	[005.02]仓储部/[0]率质量成本	25000	21206.68
10	6602.01	[012]内控部/[0]率质量成本	27000	24500.62
11	6602.02	福利费	155600	138670.97
12	6602.02	[001]公司总部/[0]率质量成本	150000	138055.77
13	6602.02	[003]人力资源部/[0]率质量成本	5000	515.1
14	6602.02	[005.02]仓储部/[0]率质量成本	600	100
15	6602.03	差旅费	69300	37902.2
16	6602.03	[001]公司总部/[0]率质量成本	60000	30146.2
17	6602.03	[003]人力资源部/[0]率质量成本	8000	7294
18	6602.03	[004.01]采购部/[0]率质量成本	600	263
19	6602.03	[004.02]计划部/[0]率质量成本	700	199
20	6602.04	水电费	23800	1142.67
21	6602.04	[001]公司总部/[0]率质量成本	16800	476.54
22	6602.04	[005.02]仓储部/[0]率质量成本	7000	666.13
23	6602.05	办公费	9000	8505.9
24	6602.05	[001]公司总部/[0]率质量成本	7000	6675.9
25	6602.05	[003]人力资源部/[0]率质量成本	2000	1830
26				

如上图所示的这些数据存在的问题及相应的处理要求如下。

（1）B列存在"[]"及"/"等符号，在Excel中要将其删除。

（2）C列的C2、C3、C11等单元格是下方数值的合计，这里只要一个原始清单，不需要小结和合计。

整理后的效果如下图所示。

	A	B	C	D	E
1	科目代码	科目名称	部门	本期借方发生额	本期贷方发生额
2	6602.01	工资	公司总部	30000	30423.64
3	6602.01	工资	人力资源部	80000	78888.95
4	6602.01	工资	采购部	30000	22582
5	6602.01	工资	计划部	20000	13740.77
6	6602.01	工资	会计部	30000	29552.17
7	6602.01	工资	仓储部	25000	21206.68
8	6602.01	工资	内控部	27000	24500.62
9	6602.02	福利费	公司总部	150000	138055.77
10	6602.02	福利费	人力资源部	5000	515.1
11	6602.02	福利费	仓储部	600	100
12	6602.03	差旅费	公司总部	60000	30146.2
13	6602.03	差旅费	人力资源部	8000	7294
14	6602.03	差旅费	采购部	600	263
15	6602.03	差旅费	计划部	700	199
16	6602.04	水电费	公司总部	16800	476.54

那么要如何整理呢？具体操作如下。

4.2.1 使用替换功能

B列数据中存在"[]"及"/"等符号，需要将"/"符号后的内容删除，并将"[]"符号及其中的内容替换为"-"。可以使用替换功能实现该目标，具体操作步骤如下。

01 打开"素材\ch04\4.2.xlsx"文件，选择B4:B25单元格区域。

	A	B	C	D
1	科目代码	科目名称	本期借方发生额	本期贷方发生额
2	6602	管理费用	499700	407116.47
3	6602.01	工资	242000	220894.83
4	6602.01	[001]公司总部/[0]事质量成本	30000	30423.64
5	6602.01	[003]人力资源部/[0]事质量成本	80000	78888.95
6	6602.01	[004.01]采购部/[0]事质量成本	30000	22582
7	6602.01	[004.02]计划部/[0]事质量成本	20000	13740.77
8	6602.01	[005.01]会计部/[0]事质量成本	30000	29552.17
9	6602.01	[005.02]仓储部/[0]事质量成本	25000	21206.68
10	6602.01	[012]内控部/[0]事质量成本	27000	24500.62
11	6602.02	福利费	155600	136670.87
12	6602.02	[001]公司总部/[0]事质量成本	150000	138055.77
13	6602.02	[003]人力资源部/[0]事质量成本	5000	515.1
14	6602.02	[005.02]仓储部/[0]事质量成本	600	100
15	6602.03	差旅费	69300	37902.2
16	6602.03	[001]公司总部/[0]事质量成本	60000	30146.2
17	6602.03	[003]人力资源部/[0]事质量成本	8000	7294
18	6602.03	[004.01]采购部/[0]事质量成本	600	263

02 按【Ctrl+F】组合键，打开【查找和替换】对话框，选择【替换】选项卡，在【查找内容】文本框中输入"/*"，【替换为】文本框中不输入任何内容，单击【全部替换】按钮。

03 弹出提示框，单击【确定】按钮。

04 替换后的效果如下图所示。

	A	B	C	D
1	科目代码	科目名称	本期借方发生额	本期贷方发生额
2	6602	管理费用	499700	407116.47
3	6602.01	工资	242000	220894.83
4	6602.01	[001]公司总部	30000	30423.64
5	6602.01	[003]人力资源部	80000	78888.95
6	6602.01	[004.01]采购部	30000	22582
7	6602.01	[004.02]计划部	20000	13740.77
8	6602.01	[005.01]会计部	30000	29552.17
9	6602.01	[005.02]仓储部	25000	21206.68
10	6602.01	[012]内控部	27000	24500.62
11	6602.02	福利费	155600	136670.87
12	6602.02	[001]公司总部	150000	138055.77
13	6602.02	[003]人力资源部	5000	515.1
14	6602.02	[005.02]仓储部	600	100
15	6602.03	差旅费	69300	37902.2
16	6602.03	[001]公司总部	60000	30146.2
17	6602.03	[003]人力资源部	8000	7294
18	6602.03	[004.01]采购部	600	263
19	6602.03	[004.02]计划部	700	199
20	6602.04	水电费	23800	1142.67
21	6602.04	[001]公司总部	16800	476.54
22	6602.04	[005.03]仓储部	7000	666.13
23	6602.04	办公费	9000	8505.9
24	6602.05	[001]公司总部	7000	6675.9
25	6602.05	[003]人力资源部	2000	1830

05 再次在【查找内容】文本框中输入"[*]"，在【替换为】文本框中输入"-"，单击【全部替换】按钮。

06 弹出提示框，单击【确定】按钮。

07 替换后的效果如下图所示。

	A	B	C	D
1	科目代码	科目名称	本期借方发生额	本期贷方发生额
2	6602	管理费用	499700	407116.47
3	6602.01	工资	242000	220894.83
4	6602.01	-公司总部	30000	30423.64
5	6602.01	-人力资源部	80000	78888.95
6	6602.01	-采购部	30000	22582
7	6602.01	-计划部	20000	13740.77
8	6602.01	-会计部	30000	29552.17
9	6602.01	-仓储部	25000	21206.68
10	6602.01	-内控部	27000	24500.62
11	6602.02	福利费	155600	136670.87
12	6602.02	-公司总部	150000	138055.77
13	6602.02	-人力资源部	5000	515.1
14	6602.02	-仓储部	600	100
15	6602.03	差旅费	69300	37902.2
16	6602.03	-公司总部	60000	30146.2
17	6602.03	-人力资源部	8000	7294
18	6602.03	-采购部	600	263
19	6602.03	-计划部	700	199
20	6602.04	水电费	23800	1142.67
21	6602.04	-公司总部	16800	476.54
22	6602.04	-仓储部	7000	666.13
23	6602.04	办公费	9000	8505.9
24	6602.05	-公司总部	7000	6675.9
25	6602.05	-人力资源部	2000	1830

4.2.2　使用分列功能

在4.2.1小节中，已将"[]"符号及其中的内容替换为"-"，现在需要将B列内容中的部门移到新列中，可以使用分列功能实现，具体操作步骤如下。

01 在C列左侧插入新列，输入标题"部门"。

预览区域可以看到效果，单击【下一步】按钮。

02 选择B2:B25单元格区域，单击【数据】➔【数据工具】组➔【分列】按钮。打开【文本分列向导】对话框，选择【分隔符号】单选项，单击【下一步】按钮。

04 在第3步中直接单击【完成】按钮。

03 选择【其他】复选框，在右侧输入"-"符号，就可以将B列分为2列，在

05 弹出提示框，单击【确定】按钮。

06 可以看到已经删除了"-"符号并将1列分为2列，效果如下图所示。

	A	B	C
1	科目代码	科目名称	部门
2	6602	管理费用	
3	6602.01	工资	
4	6602.01		公司总部
5	6602.01		人力资源部
6	6602.01		采购部
7	6602.01		计划部
8	6602.01		会计部
9	6602.01		仓储部
10	6602.01		内控部
11	6602.02	福利费	
12	6602.02		公司总部
13	6602.02		人力资源部
14	6602.02		仓储部
15	6602.03	薪缴费	
16	6602.03		公司总部
17	6602.03		人力资源部
18	6602.03		采购部
19	6602.03		计划部
20	6602.04	水电费	
21	6602.04		公司总部
22	6602.04		仓储部
23	6602.05	办公费	
24	6602.05		公司总部
25	6602.05		人力资源部

4.2.3　使用填充功能

使用填充功能，可以为B列的空白单元格填充其上方单元格中的数据，具体操作步骤如下。

01 选择B2:B25单元格区域，按【F5】键，打开【定位】对话框，单击【定位条件】按钮。

02 打开【定位条件】对话框，选择【空值】单选项，单击【确定】按钮。

03 可以看到已经选择了所有空单元格，效果如下图所示。

	A	B	C
1	科目代码	科目名称	部门
2	6602	管理费用	
3	6602.01	工资	
4	6602.01		公司总部
5	6602.01		人力资源部
6	6602.01		采购部
7	6602.01		计划部
8	6602.01		会计部
9	6602.01		仓储部
10	6602.01		内控部
11	6602.02	福利费	
12	6602.02		公司总部
13	6602.02		人力资源部
14	6602.02		仓储部
15	6602.03	差旅费	
16	6602.03		公司总部
17	6602.03		人力资源部
18	6602.03		采购部
19	6602.03		计划部
20	6602.04	水电费	

04 在B4单元格中输入"=B3"，按【Ctrl+Enter】组合键，即可完成填充操作。

05 复制B2:B25单元格区域，再将其原位粘贴为【值】的形式，使其变为常量。

06 选择C2:C25单元格区域，按【F5】键，打开【定位】对话框，单击【定位条件】按钮。

07 打开【定位条件】对话框，选择【空值】单选项，单击【确定】按钮。

08 可以看到已经选择了所有空单元格，效果如下图所示。

09 在任意空值上单击鼠标右键，在弹出的快捷菜单中选择【删除】命令。

10 弹出【删除】对话框，选择【整行】单选项，单击【确定】按钮。

11 财务数据整理后的效果如下图所示。

	A	B	C	D
1	科目代码	科目名称	部门	本期借方发生额
2	6602.01	工资	公司总部	30000
3	6602.01	工资	人力资源部	80000
4	6602.01	工资	采购部	30000
5	6602.01	工资	计划部	20000
6	6602.01	工资	会计部	30000
7	6602.01	工资	仓储部	25000
8	6602.01	工资	内控部	27000
9	6602.02	福利费	公司总部	150000
10	6602.02	福利费	人力资源部	5000
11	6602.02	福利费	仓储部	600
12	6602.03	差旅费	公司总部	60000
13	6602.03	差旅费	人力资源部	8000
14	6602.03	差旅费	采购部	600
15	6602.03	差旅费	计划部	700
16	6602.04	水电费	公司总部	16800

TIPS

此时的表格很整齐、清晰，在此基础之上再进行二次统计就可以生成报表，这也是表格设计很重要的原则，即数据源表和结果报表分开。只要原始数据清晰，就很容易生成满足需要的报表。

本章回顾

本章介绍了Excel中通配符的使用方法，我们通过通配符可以实现特定数据的查找和替换，从而规范数据。最后通过一个案例综合介绍了利用替换、分列、填充功能整理财务数据的相关操作。

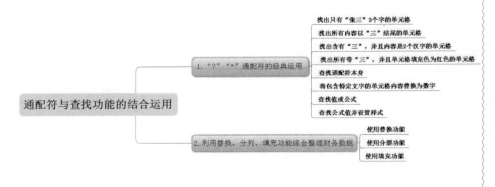

作者寄语

- **通配符的重要性**

　　通配符在查找和替换数据方面发挥了不可替代的作用，不仅能够简化繁杂的操作，还能提高更改数据的准确性。

　　但利用好通配符的前提是要明确替换的内容，避免查找内容不准确，同时要掌握每个通配符的含义，这样才能提高更改数据的准确性。

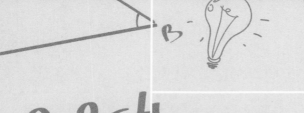

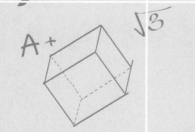

第 5 章

数据的安全保护与
多表数据快速汇总

对使用 Excel 开展工作的人来说，保护数据的安全是很有必要的，它可以防止整理好的数据被破坏，从而减少损失。而多表数据汇总功能可以将多个表格中格式相似的数据快速汇总到一张表格中，便于我们统计数据。

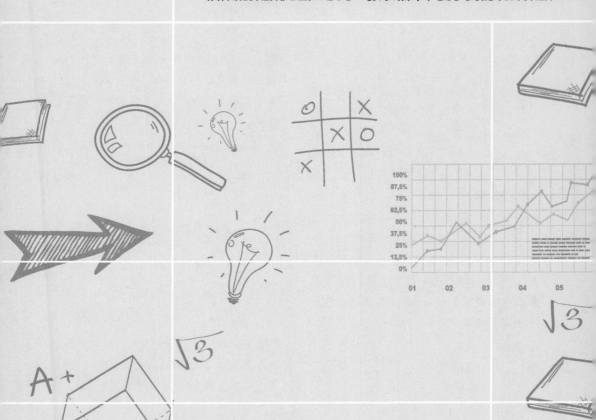

5.1 保护你的Excel工作表不被别人改动

在工作中，将表格发给其他用户后，我们有时不希望他人更改表格格式或随便删除表格内容，仅需要他们在空白单元格区域填写相应内容。这时我们就可以通过工作表保护来实现这个目标。

5.1.1 锁定和隐藏单元格

工作表中的单元格都具有锁定和隐藏的属性，也就是说单元格中的内容是可以被锁定或隐藏起来的，这样可以让读表人只能看到最终结果而不能做任何改动。

在激活保护工作表功能后，锁定功能会被启用，此时就无法修改任何单元格中的内容。但在实际应用中，有的区域需要锁定，有的区域不需要锁定，有的区域需要隐藏，还有的区域需要锁定并隐藏，该如何设置呢？

01 打开"素材\ch05\锁定和隐藏单元格.xlsx"文件，选择"Sheet1"工作表，按【Ctrl+1】组合键，打开【设置单元格格式】对话框，在【保护】选项卡下撤销选择【锁定】和【隐藏】复选框，单击【确定】按钮。

02 选择A2:A14单元格区域，打开【设置单元格格式】对话框，在【保护】选项卡下选择【锁定】复选框，单击【确定】按钮。

03 选择B2:B14单元格区域，打开【设置单元格格式】对话框，撤销选择【锁定】和【隐藏】复选框，单击【确定】按钮。

04 选择C2:C14单元格区域，打开【设置
单元格格式】对话框，在【保护】选项卡下
选择【隐藏】复选框，单击【确定】按钮。

05 选择D2:D14单元格区域，打开【设置
单元格格式】对话框，在【保护】选项卡
下选择【锁定】和【隐藏】复选框，单击
【确定】按钮。

06 单击【审阅】→【保护】组→【保护
工作表】按钮。

07 弹出【保护工作表】对话框，在【取
消工作表保护时使用的密码】文本框中
输入密码。这里输入"999"，单击【确
定】按钮。

08 弹出【确认密码】对话框，输入在上
一步中设置的密码，单击【确定】按钮即
可完成设置。

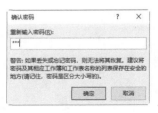

如果仅设置隐藏，数据仍然很容易被修改，最好设置隐藏加锁定。

09 如果要取消密码，可以单击【审阅】→【保护】组→【撤消保护工作表】按

钮，在【撤消工作表保护】对话框的【密码】文本框中输入之前设置的密码即可。

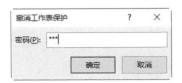

5.1.2 保护包含文字的单元格

对于公司用款申请审批单等表格来说，会希望包含文字的单元格不被修改，而空白部分需要读表人填写。这时就可以将包含文字的单元格保护起来，具体操作步骤如下。

01 打开"素材\ch05\保护包含文字的单元格.xlsx"文件，选择所有单元格。

02 按【Ctrl+1】组合键，打开【设置单元格格式】对话框，在【保护】选项卡下撤销选择【锁定】和【隐藏】复选框，单击【确定】按钮。

03 下面需要定位包含文字的单元格。选择表格区域，这里选择A1:J8单元格区域。

04 按【F5】键，打开【定位】对话框，单击【定位条件】按钮，打开【定位条件】对话框，选择【常量】单选项，在下方仅选择【文本】复选框，单击【确定】按钮。

05 这样就可以选择所有包含文字的单元格，效果如下图所示。

08 此时，选择空白单元格即可输入数据。

06 再次按【Ctrl+1】组合键，打开【设置单元格格式】对话框，在【保护】选项卡下选择【锁定】复选框，单击【确定】按钮。

07 单击【审阅】➜【保护】组➜【保护工作表】按钮，弹出【保护工作表】对话框，选择【选定锁定单元格】和【选定未锁定的单元格】复选框，单击【确定】按钮。

09 单击包含文字的单元格，则会弹出如下图所示的提示框。至此，就完成了保护包含文字的单元格的操作。

TIPS

设置保护工作表后，在要保护的单元格上单击鼠标右键，可以看到快捷菜单中很多命令都变为灰色，并且设置行高、列宽等功能均不可用。

5.2 学会隐藏单元格的真实计算方法

如果表格中不仅包含文字，还有数字和公式，我们需要将这些内容都保护起来，并且不允许他人看到详细公式，仅能看到计算结果，下面就介绍具体操作方法。

01 打开"素材\ch05\隐藏单元格的真实计算方法.xlsx"文件，选择所有单元格。

02 按【Ctrl+1】组合键，打开【设置单元格格式】对话框，在【保护】选项卡下撤销选择【锁定】和【隐藏】复选框，单击【确定】按钮。

03 选择A2:H27单元格区域，按【F5】键，打开【定位】对话框，单击【定位条件】按钮，打开【定位条件】对话框，选择【常量】单选项，在下方选择【数字】和【文本】复选框，单击【确定】按钮。

04 这样就可以选择所有包含数字和文本的单元格，效果如下图所示。

> **TIPS**
>
> 此时可以看到仅定位了包含数字和文本的单元格，包含公式的单元格并没有选择，这是因为公式不属于常量，需要重复相应操作才能定位并锁定包含公式的单元格。

05 按【Ctrl+1】组合键，打开【设置单元格格式】对话框，在【保护】选项卡下选择【锁定】复选框，单击【确定】按钮。

06 选择包含公式的B8:H22单元格区域。

07 按【F5】键，打开【定位】对话框，单击【定位条件】按钮，打开【定位条件】对话框，选择【公式】单选项，在下方仅选择【数字】复选框，单击【确定】按钮。

08 这样就可以选择所有包含公式的单元格，效果如右上图所示。

09 按【Ctrl+1】组合键，打开【设置单元格格式】对话框，在【保护】选项卡下选择【锁定】和【隐藏】复选框，单击【确定】按钮。

10 单击【审阅】➡【保护】组➡【保护工作表】按钮，弹出【保护工作表】对话框，选择【选定锁定单元格】和【选定未锁定的单元格】复选框，单击【确定】按钮。

11 此时，选择空白单元格即可输入数据，文字部分不可编辑，选择包含公式的单元格后在编辑栏也看不到具体公式。

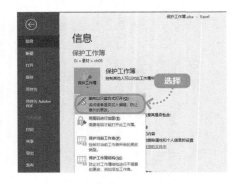

5.3 为工作簿加把锁

5.1节和5.2节介绍了保护单张工作表的相关方法，如果要保护整个工作簿，可以设置始终以只读方式打开或用密码对其进行加密。

1. 始终以只读方式打开

设置始终以只读方式打开，每次打开工作簿时都会提示是否编辑文档，可以防止意外更改。

01 打开"素材\ch05\保护工作簿.xlsx"文档，单击【文件】选项卡，选择【信息】选项，在右侧【信息】区域单击【保护工作簿】按钮，在弹出的下拉列表中选择【始终以只读方式打开】选项。

03 再次打开工作簿时将自动弹出提示框，单击【是】按钮。

TIPS

如果单击【否】按钮，将以正常的形式打开工作簿，并且可以正常保存工作簿；单击【取消】按钮，则不会打开工作簿。

02 可以看到【信息】区域会显示"保护工作簿"。

04 可以以只读的形式打开该工作簿。

在只读状态下，编辑内容后无法使用【保存】按钮或按【Ctrl+S】组合键保存工作簿，只能以另存为的形式保存工作簿，并且另存为后的工作簿依然是只读形式。

05 如果要取消以只读形式打开工作簿，在另存为文档时打开的【另存为】对话框中，单击【工具】按钮的下拉按钮，选择【常规选项】选项。

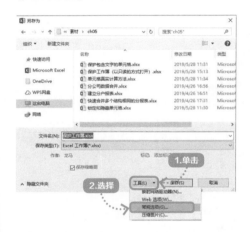

06 打开【常规选项】对话框，撤销选择【建议只读】复选框，单击【确定】按钮即可。

2．用密码进行加密

可以为工作簿设置密码，只有输入正确的密码才能打开工作簿，具体操作步骤如下。

01 打开"素材\ch05\保护工作簿.xlsx"文档，单击【文件】选项卡，选择【信息】选项，在右侧【信息】区域单击【保护工作簿】按钮，在弹出的下拉列表中选择【用密码进行加密】选项。

02 弹出【加密文档】对话框，在【密码】文本框中输入要设置的密码（这里输入"123456"），单击【确定】按钮。

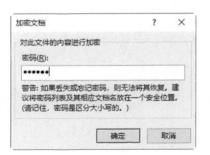

03 弹出【确认密码】对话框，输入在上一步中设置的密码，单击【确定】按钮，完成设置密码的操作。

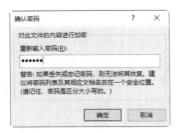

04 再次打开工作簿时将弹出【密码】对
话框，需要输入正确的密码才能打开工
作簿。

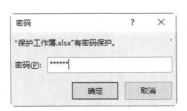

TIPS

如果要取消密码保护，可以重复
步骤 **01** 和步骤 **02** 的操作，删除【密
码】文本框中设置的密码即可。

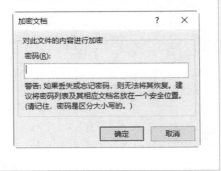

5.4 合并计算案例1——建立分户报表

合并计算可以将多个格式相同的表格合并到一个表格中。本节的实例将
对4个工作表中的内容进行汇总，生成一个汇总表。

打开"素材\ch05\建立分户报表.xlsx"文件，这里需要将"南
京""海口""上海""珠海"4个工作表中的内容进行汇总。

可以看到每个表均包括品种和销售额，当数据列表有不同的行标题或列标题时，执行
合并计算操作会将同一工作表或不同工作表中不同的行或列的数据进行内容合并，形成包
括数据源表中所有不同行标题或不同列标题的新数据列表。

01 在"建立分户报表.xlsx"素材文件中,在"汇总"工作表中选择A4单元格。

02 单击【数据】➔【数据工具】组➔【合并计算】按钮。

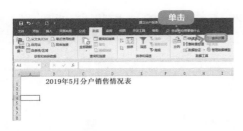

03 弹出【合并计算】对话框,选择"南京"工作表,在【引用位置】文本框中将自动显示"南京!"。

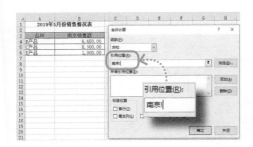

04 选择A3:B6单元格区域,即在【引用位置】文本框中显示"南京!$A$3:$B$6",单击【添加】按钮。

05 将选择的数据添加至【所有引用位置】列表框后的效果如下图所示。

06 使用同样的方法,添加"海口"工作表的A3:B6区域。

07 添加"上海"工作表的A3:B7区域。

08 添加"珠海"工作表的A3:B5区域，选择【首行】和【最左列】复选框，单击【确定】按钮。

09 合并计算后的最终效果如下图所示。

> **TIPS**
>
> 合并计算的内容必须是数值型的，只有数值才可以进行合并或计算。

5.5 合并计算案例2——分公司数据合并

本节所使用的分公司销售数据实例，3张表的结构是一样的，但是其所涵盖的月份、产品略有差异，这时该如何操作呢？

打开"素材\ch05\分公司数据合并.xlsx"文件，文件中包含"上海分公司""北京分公司""苏州分公司"3个工作表。

可以看到"上海分公司"工作表中的数据是1月~6月的，包含彩电、洗衣机、空调、电脑和电冰箱。"北京分公司"工作表中是1月~9月的数据，包含彩电、洗衣机、空调、电脑、电冰箱和手机，与"上海分公司"相比，多了"手机"列。"苏州分公司"工作表中的数据是1月~12月的，不包含"手机"列。

这3张表的结构是一样的，并且数据中有月份和商品标题完全相同的部分，这部分数据可以重叠在一起进行统计，而不重叠部分则会单独显示。

01 在"分公司数据合并.xlsx"素材文件中，在"汇总"工作表中选择A1单元格，单击【数据】➜【数据工具】组➜【合并计算】按钮。

02 弹出【合并计算】对话框，选择"上海分公司"工作表中的A2:F8单元格区域，单击【添加】按钮。

03 选择"北京分公司"工作表中的A2:G11单元格区域，单击【添加】按钮。

04 选择"苏州分公司"工作表中的A2:F14单元格区域，单击【添加】按钮。

05 将选择的数据添加至【所有引用位置】列表框后的效果如下图所示，在【标签位置】区域选择【首行】和【最左列】复选框，单击【确定】按钮。

06 汇总分公司数据后的效果如下图所示。

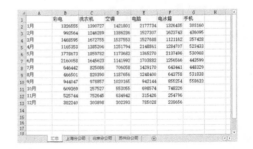

> **TIPS**
>
> 可以看到合并计算会对标题有重叠的部分进行求和计算，没有重叠的部分则单独显示。

5.6 合并计算案例3——快速合并多个结构相同的分报表

在表格数据结构完全相同的情况下，需要将其汇总，但如果标题有2行，汇总后仅显示1行，该怎么处理呢？

01 打开"素材\ch05\快速合并多个结构相同的分报表.xlsx"素材文件，其中包含6张需要合并计算的工作表，并且标题包含2行。首先复制任意工作表中的A1:E2单元格区域。

02 切换至"合并数据"工作表，选择A1单元格，将复制的标题粘贴至工作表中。

03 选择A3单元格，单击【数据】➔【数据工具】组➔【合并计算】按钮。弹出【合并计算】对话框，依次选择"01

月""02月""03月""04月""05月""06月"工作表的A3:E19单元格区域。

04 选择【最左列】复选框，单击【确定】按钮。

> **TIPS**
>
> 当前选择区域的首行是数据，不是标题，因此不需要选择【首行】复选框。

05 快速合并多个结构相同的分报表后的效果如下页图所示。

如果需要在汇总表中不仅显示汇总后的数据，还能如下图所示查看每个表的详细数据，该怎么做？

06 在"**快速合并多个结构相同的分报表.xlsx**"文件中新建空白工作表，并将标题复制、粘贴到其中。

07 重复步骤03和04，依次添加"01月""02月""03月""04月""05月""06月"工作表中A3:E19单元格区域的数据，并选择【**最左列**】复选框。

08 选择【**创建指向源数据的链接**】复选框，单击【**确定**】按钮。

TIPS

选择【创建指向源数据的链接】复选框后，是不能够在源数据工作表中对数据进行合并计算的，只能在新工作表中计算。

09 合并计算后的效果如下图所示。

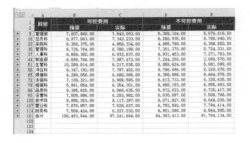

TIPS

　　合并计算后，汇总表中如果有
多余列，可以将其删除。

10 单击左上角的按钮②，即可显示所有
的详细数据。

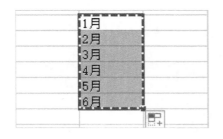

11 单击左上角的按钮①，即可将数据折
叠，仅显示合并计算后的数据。

12 因为之后需要在展开后的A列中填充
1月~6月，可以先在空白单元格区域输
入 "1月" "2月" "3月" "4月" "5
月" "6月" 并复制。

13 选择A3:A121单元格区域，按【F5】
键，打开【定位】对话框，单击【定位条
件】按钮。

14 打开【定位条件】对话框，选择【空
值】单选项，单击【确定】按钮。

15 选择了A3:A121单元格区域的所有空单
元格，按【Ctrl+V】组合键粘贴在步骤 **12**
中复制的内容，并将步骤 **07** 输入的数据删
除即可。

科室	可控费用		不可控费用	
	预算	实际	预算	实际
1月	1,078,733.00	1,828,241.00	1,338,116.00	363,648.00
2月	1,420,852.00	1,652,100.00	571,367.00	250,853.00
3月	1,901,301.00	1,759,752.00	268,962.00	137,115.00
4月	1,736,270.00	1,607,182.00	1,352,343.00	2,173,296.00
5月	867,294.00	383,839.00	894,068.00	275,771.00
6月	603,419.00	611,979.00	883,248.00	1,875,935.00
管理部	7,607,869.00	7,843,093.00	5,308,104.00	5,076,618.00
1月	1,308,002.00	1,168,182.00	1,380,545.00	837,963.00
2月	396,226.00	1,362,862.00	835,854.00	723,345.00
3月	1,015,508.00	1,274,056.00	516,092.00	1,422,339.00
4月	1,154,650.00	1,753,002.00	967,793.00	1,891,980.00
5月	1,400,849.00	333,678.00	939,617.00	1,979,000.00
6月	1,701,828.00	1,451,453.00	1,647,034.00	1,934,013.00
总务科	6,977,063.00	7,343,233.00	6,286,935.00	8,788,640.00
1月	1,513,418.00	297,891.00	575,308.00	459,726.00
2月	1,556,703.00	535,068.00	573,087.00	1,614,790.00
3月	216,043.00	174,606.00	246,534.00	543,418.00
4月	300,992.00	748,230.00	1,242,260.00	1,245,428.00
5月	1,496,379.00	1,749,183.00	344,291.00	1,764,978.00
6月	1,274,840.00	1,451,356.00	1,084,300.00	680,480.00
采购科	6,358,375.00	4,956,334.00	4,065,780.00	6,308,820.00
1月	869,787.00	540,958.00	1,148,480.00	1,880,711.00
2月	639,373.00	1,435,376.00	936,754.00	951,409.00
3月	1,680,913.00	2,031,565.00	1,147,451.00	136,051.00
4月	1,470,845.00	956,746.00	718,082.00	1,889,664.00
5月	293,608.00	682,709.00	1,535,833.00	308,189.00
6月	1,774,258.00	1,132,844.00	1,814,769.00	558,307.00
管理科	6,728,784.00	6,780,198.00	7,301,370.00	5,724,331.00

TIPS

前面介绍类似操作时，输入公式使用的是【Ctrl+Enter】组合键，以实现一种可以让公式中的引用递进变化的复制效果，而这里只需要粘贴已复制的数据，因此按【Ctrl+V】组合键即可。

本章回顾

本章介绍了2方面的内容，一方面是保护数据安全，另一方面是使用合并计算快速汇总多表数据。我们通过这2方面的学习可以有效地保护数据安全，并且能够提升汇总多表数据的效率。

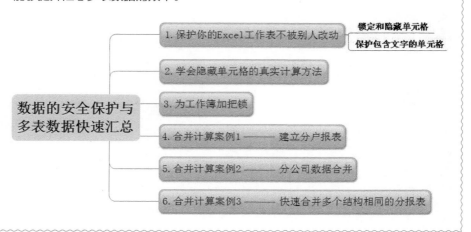

作者寄语

- **数据安全与多表汇总的重要性**

在Excel中，数据安全主要是指数据的完整性和保密性。

完整性主要指防止数据被恶意或意外修改，不论哪种情况，都会导致数据计算或分析错误，严重点说，错误的数据分析结果甚至会影响到公司的发展方向。

而保密性则是指防止数据中的计算公式被他人知晓，或者是防止他人从源数据中得到分析数据的方法。

虽然Excel提供的保护方法比较简单，但只要从事Excel相关的工作，就不能忽视数据安全，这样才能减少工作中的失误。

而多表汇总的限制性条件较强，需要不同的工作表的结构一样，这样汇总后，数据之间有重叠时，重叠部分会相加，而不重叠部分则单独显示。

第6章

高效数据管理——
让数据差异一目了然

在输入数据时，使用一些技巧不仅能提升数据
输入的效率，还可以减少输入差错，并且能快速查找
出那些错误的数据。本章将介绍高效管理数据的方法，
让数据差异一目了然。

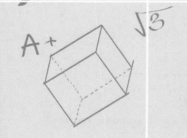

6.1 巧设单元格格式，让工作效率翻倍

通过设置单元格格式，可以在单元格中呈现出千变万化的显示效果。一般情况下，Excel提供的数据类型已足够使用，但在特殊情况下我们可以根据需要自定义数据类型。下面就来介绍Excel提供的类型库。

打开"素材\ch06\6.1.xlsx"文件，可以看到A1:A4这4个单元格中呈现的日期内容不同，但编辑栏中显示的日期内容却是相同的。

原因是什么呢？

A1单元格中的日期格式是Excel中常用的日期格式，此外还有"2019-3-15"这种形式。

选择A2单元格，按【Ctrl+1】组合键，打开【设置单元格格式】对话框，在【日期】中的【类型】列表框中可以看到A2单元格中的这种日期格式。实际上这类日期格式可以通过Excel自定义显示类型"yyyy"年"m"月"d"日";@"来呈现，选择【自定义】选项，即可查看设置的自定义类型。

同样，A3单元格的显示效果也是Excel内置的自定义日期格式类型"[$-zh-CN]aaaa;@"。

而A4单元格中既显示了日期，又显示了星期，这种格式在【日期】和【自定义】选项中都是不存在的。这种就属于完全自定义的单元格格式，是将A2和A3两种自定义格式组合起来得到的效果。

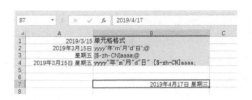

选择B7单元格，按【Ctrl+1】组合键，在【设置单元格格式】对话框的【分类】列表框中选择【自定义】选项，在右侧【类型】文本框中输入"yyyy"年"m"月"d"日"[\$-zh-CN]aaaa;"，单击【确定】按钮。

选择B7单元格，按【Ctrl+;】组合键，输入当前日期，按【Enter】键，显示效果如右上图所示。

TIPS

关于自定义单元格格式类型的方法及每个符号的意义这里不再赘述，有兴趣的读者可以参考"素材\ch06\自定义格式全面资料.xlsx、自定义数字格式资料.xlsx"文件中的介绍。

如果想将B7单元格中的内容固定，在编辑栏中也显示为日期+星期的格式，有以下2种方法。

方法一：复制B7单元格中的内容并将其粘贴至文本文档中，再复制并粘贴至Excel表格中。

方法二：复制B7单元格中的内容，单击【开始】➔【剪贴板】组➔【剪贴板】按钮，打开【剪贴板】窗格；选择要粘贴到的单元格位置，在【剪贴板】窗格中单击复制的项目即可。

接下来在A17单元格中对A13:A16单

元格区域求和，显示结果为"124"，那小数部分".4"去哪里了，是函数计算错误了吗？

不妨先选择A17单元格，然后按【Ctrl+1】组合键，看看其单元格格式，如下图所示。

可以看到A17单元格是【数值】格式，但其【小数位数】为"0"，因此最终结果就会四舍五入，把小数点后的数字"4"舍掉了。如果要显示小数，可以将【小数位数】设置为"1"，这样就能显示出完整的计算结果。

6.2 数据验证，给数据把个关

数据验证指对输入单元格的数据的合理性加以控制，其目的是在数据录入之初就保证录入数据的规范性和有效性，整套机制由"数据有效性"这一功能来实现。

如需要将一张表发给各个部门，希望各部门员工填写姓名、部门、职别、员工类别等信息，但不同员工对部门的称呼有差别，比如人力资源部，叫法可能包括人力部、人事部、HR部等，这时就需要统一名称，以便后期汇总数据。

这时就可以利用数据验证限制输入的内容，仅允许员工选择数据选项。这样做的目的是在录入数据的初期，保证录入的数据规范、有效。

6.2.1 制作下拉选项，限制输入的部门类型

验证条件包含任何值、整数、小数、序列、日期、时间、文本长度和自定义等8种类型，如果要限制输入的部门类型，可以使用【序列】。

01 打开"素材\ch06\6.2.xlsx"文件，选择B2:B10单元格区域，选择【数据】→【数据工具】

组→【数据验证】→【数据验证】选项。

02 打开【数据验证】对话框，在【设置】选项卡下的【允许】下拉列表中可以看到包含了任何值、整数、小数、序列、日期、时间、文本长度和自定义等8个选项。

TIPS

　　Excel 默认设置为【任何值】选项，该选项允许输入任意数值。选择【整数】选项后，需要选择数据的类型，包括介于、未介于、等于、不等于、大于、小于、大于或等于、小于或等于等选项，之后可以设置整数的范围。

　　选择【小数】选项，同样包含介于、未介于、等于、不等于、大于、小于、大于或等于、小于或等于等选项，之后需要设置小数的范围。

　　选择【序列】选项，可以设置仅允许输入序列内的数据。

　　选择【日期】选项，与【整数】选项类似，但限制的是日期数据。

　　选择【时间】选项，与【整数】选项类似，但限制的是时间数据。

　　选择【文本长度】选项，与【整数】选项类似，但限制的是输入文本的长度。

　　选择【自定义】选项，可以结合公式，实现更复杂的限制。

03 在【允许】下拉列表中选择【序列】选项，单击【来源】右侧的 ⬆ 按钮。

04 选择J2:J7单元格区域，单击 按钮。

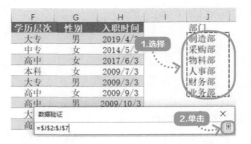

05 返回【数据验证】对话框，即可看到设置的来源，单击【确定】按钮。

06 单击B2:B10单元格右侧的下拉按钮,选择员工的部门。

如果在单元格中输入非序列内的内容,则会弹出错误提示框,单击【取消】按钮即可。这样就能有效地控制和规范输入的数据。

如果部门增加了,例如在J8单元格中增加了"海外部",该怎么修改?

08 选择B2:B10区域的任意单元格,打开【数据验证】对话框,重新选择【来源】为"=$J$2:$J$8",选择【对有同样设置的所有其他单元格应用这些更改】复选

框,单击【确定】按钮。

09 可以看到B2:B10单元格区域的每个单元格的下拉列表中都添加了"海外部"选项。

TIPS

包含部门的辅助列如果被误删除,B列的数据验证就会出现错误,因此可以将包含部门的辅助列隐藏起来。

也可以直接在【来源】文本框中录入限制的内容,中间用英文逗号","隔开即可。

6.2.2 设置输入提示信息

在设置数据验证时，为了提示用户在录入数据时按照要求输入，可以设置输入提示信息。

01 选择B2:B10单元格区域，选择【数据】➡【数据工具】组➡【数据验证】➡【数据验证】选项。

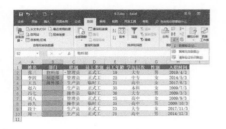

02 打开【数据验证】对话框，在【输入信息】选项卡下的【标题】文本框中输入"请注意"，在【输入信息】文本框中输入"使用鼠标在下拉列表中选择输入的内容"。单击【确定】按钮。

如果操作时仅选择了一个或部分要设置验证条件的单元格，但又希望为所有类似单元格应用新的更改，可以返回【设置】选项卡，并选择【对有同样设置的所有其他单元格应用这些更改】复选框。

03 此时，将鼠标指针放在B2:B10单元格区域，即可看到设置的提示信息。

	A	B	C	D
1	姓名	部门	职别	员工类别
2	张三	物料部	管理员	正式工
3	李四	制造部	管理员	正式工
4	王五	海外部 ▼	生产员	临时工
5	赵六	请注意		正式工
6	冯七	使用鼠标在下		临时工
7	刘八	拉列表中选择		正式工
8	孙九	输入的内容		临时工
9	段十		生产员	正式工
10	周一		生产员	正式工

6.2.3 设置出错警告

设置数据验证时，Excel会提供默认的出错警告，用户也可以根据需要自定义出错警告信息。

01 选择B2:B10单元格区域，打开【数据验证】对话框，在【出错警告】选项卡下设置【样式】为"停止"，在【标题】文本框中输入"注意：录入数据错误"，在【错误信息】文本框中输入"请在下拉列表中选择正确部门数据！"。单击【确定】按钮。

出错警告样式包含 3 类，通常选择【停止】。

【停止】：最严厉等级，不允许输入错误数据，直至改正确为止。

【警告】：弹出提示框提醒，但允许输入错误数据。

【信息】：最弱等级。

02 此时，如果在B2:B10区域的单元格中输入错误数据，则会弹出出错警告。

【数据验证】对话框中还包含【输入法模式】选项卡，可以忽略。

6.2.4 复制设置的数据验证条件

设置数据验证后，可以把设置好的数据验证条件复制到其他列中。

01 选择B2单元格，按【Ctrl+C】组合键复制。

02 选择I2:I10单元格区域并单击鼠标右键，在弹出的快捷菜单中选择【选择性粘贴】➔【选择性粘贴】命令。

03 打开【选择性粘贴】对话框，选择
【验证】单选项，单击【确定】按钮。

04 将设置好的数据验证条件粘贴至I2:I10单元格区域后的效果如下图所示。

6.2.5　圈释无效数据

对已经录入的数据，为其设置数据验证是无法给出提示的。想要快速检测已录入的数据是否正确，可以先设置数据有效性，然后通过【圈释无效数据】功能检测。

01 在H2:H10单元格区域设置数据验证，设置入职时间【开始日期】为"2000/1/1"，【结束日期】为公式"=TODAY()"，即当前日期。

02 在H11单元格输入"1998/1/1"，在H12单元格输入"2021/2/2"，并将设置的数据验证复制到H11:H12单元格区域。

03 选择【数据】→【数据工具】组→【数据验证】→【圈释无效数据】选项。

员工类别	员工年龄	学历层次	性别	入职时间
正式工	19	大专	男	2019/4/3
正式工	25	中专	女	2014/5/3
临时工	21	高中	女	2017/6/3
正式工	35	本科	女	2009/7/3
临时工	36	大专	男	2009/3/3
正式工	25	高中	女	2009/9/3
临时工	35	高中	男	2009/10/3
正式工	23	大专	女	2017/11/3
正式工	25	高中	男	2014/12/3
				2002/1/1
				2018/2/2

04 可以看到已经用圆圈标出了所有无效的数据。

	A	B	C	D	E	F	G	H
1	姓名	部门	职别	员工类别	员工年龄	学历层次	性别	入职时间
2	张三	物料部	管理员	正式工	19	大专	男	2019/4/3
3	李四	制造部	管理员	正式工	25	中专	女	2014/5/3
4	王五	海外部	生产员	临时工	21	高中	女	2017/6/3
5	赵六	物料部	生产员	正式工	35	本科	女	2009/7/3
6	丹七	采购部	生产员	临时工	36	大专	男	2009/3/3
7	刘八	财务部	管理员	正式工	25	高中	女	2009/9/3
8	孙九	业务部	操作员	临时工	35	高中	男	2009/10/3
9	段十	海外部	生产员	正式工	23	大专	女	2017/11/3
10	周一	物料部	生产员	正式工	25	高中	男	2014/12/3
11								1998/1/1
12								2021/2/2
13								

05 更改错误的数据为有效数据即可自动清除标识圈。

TIPS

选择【数据】➔【数据工具】组➔【数据验证】➔【清除验证标识圈】选项即可清除标识。

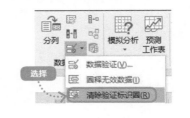

6.3 让数字更醒目的条件格式设置

条件格式的作用是根据设置的格式，让单元格内容响应条件设置，从而改变单元格格式，如字体、颜色、背景等，但单元格内容不会有任何变化。

6.3.1 突出显示销售额大于100 000元的单元格

例如，将销售额大于100 000元的单元格填充为红色，具体操作如下。

01 打开"素材\ch06\6.3.xlsx"文件，选择F2:F17单元格区域，单击【开始】➔【样式】组➔【条件格式】➔【突出显示单元格规则】➔【大于】选项。

02 弹出【大于】对话框，在【为大于以下值的单元格设置格式：】文本框中输入"100000"，单击【设置为】右侧的下拉按钮，在弹出的下拉列表中根据需要选择Excel定义好的格式，这里选择【自定义格式…】选项。

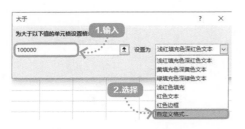

03 弹出【设置单元格格式】对话框，在【字体】选项卡下可以设置字体样式，这里设置【字形】为"加粗"，【字体颜色】为"白色"。

04 在【边框】选项卡下可以设置边框样式。在【填充】选项卡下设置填充色为"红色"，单击【确定】按钮。

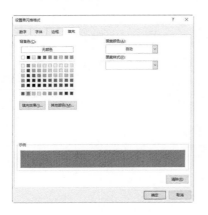

05 返回【大于】对话框，单击【确定】按钮。

06 可以看到，销售额大于"100000"的单元格的字体颜色显示为"白色"，单元格填充色变为"红色"。

	A	B	C	D	E	F
1	日期	销售人员	城市	商品	销售量	销售额
2	2019/5/12	张三	武汉	彩电	13	29900
3	2019/5/12	李四	沈阳	冰箱	27	70200
4	2019/5/12	王五	太原	电脑	40	344000
5	2019/5/12	王五	贵阳	相机	42	154980
6	2019/5/12	张三	武汉	彩电	34	78200
7	2019/5/12	马六	杭州	冰箱	24	62400
8	2019/5/12	王五	天津	彩电	32	73600
9	2019/5/13	李四	郑州	电脑	13	111800
10	2019/5/13	马六	沈阳	相机	34	125460
11	2019/5/13	王五	太原	彩电	20	46000
12	2019/5/13	马六	郑州	相机	43	158670
13	2019/5/13	马六	上海	空调	45	126000
14	2019/5/13	李四	南京	空调	34	95200
15	2019/5/13	张三	武汉	冰箱	16	41600
16	2019/5/13	李四	杭州	彩电	23	52900
17	2019/5/14	马六	上海	彩电	30	69000

TIPS

如果要清除整个工作表的条件格式，可以选择【清除整个工作表的规则】选项。

除了突出显示单元格的规则外，我们还可以设置最前/最后的规则（以G列为例），下图所示为突出显示销售额排名前10的效果。

	A	B	C	D	E	F	G
1	日期	销售人员	城市	商品	销售量	销售额	销售额
2	2019/5/12	张三	武汉	彩电	13	29900	29900
3	2019/5/12	李四	沈阳	冰箱	27	70200	70200
4	2019/5/12	王五	太原	电脑	40	344000	344000
5	2019/5/12	王五	贵阳	相机	42	154980	154980
6	2019/5/12	张三	武汉	彩电	34	78200	78200
7	2019/5/12	马六	杭州	冰箱	24	62400	62400
8	2019/5/12	王五	天津	彩电	32	73600	73600
9	2019/5/13	李四	郑州	电脑	13	111800	111800
10	2019/5/13	马六	沈阳	相机	34	125460	125460
11	2019/5/13	王五	太原	彩电	20	46000	46000
12	2019/5/13	马六	郑州	相机	43	158670	158670
13	2019/5/13	马六	上海	空调	45	126000	126000
14	2019/5/13	李四	南京	空调	34	95200	95200
15	2019/5/13	张三	武汉	冰箱	16	41600	41600
16	2019/5/13	李四	杭州	彩电	23	52900	52900
17	2019/5/14	马六	上海	彩电	30	69000	69000

下图所示为设置数据条条件格式后的效果。

下图所示为设置色阶条件格式后的效果。

下图所示为添加图标集条件格式后的效果。

6.3.2　新建规则

除了Excel定义好的条件格式外，我们还可以根据需要新建规则，具体操作步骤如下。

01 选择G2:G17单元格区域，单击【开始】➔【样式】组➔【条件格式】➔【新建规则】选项。

02 弹出【新建格式规则】对话框，在【选择规则类型】列表框中选择【只为包含以下内容的单元格设置格式】选项，在

【只为满足以下条件的单元格设置格式】区域选择【大于或等于】选项，在其右侧的文本框中输入"100000"，单击【格式】按钮。

其他规则类型也都很常见，较容易理解，这里不再赘述。我们也可以使用公式新建条件格式。

03 弹出【设置单元格格式】对话框，使用同样的方法设置单元格格式，设置完成后单击【确定】按钮。

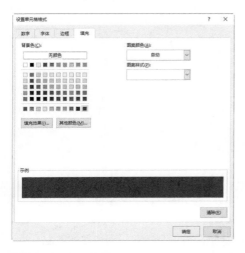

04 返回【新建格式规则】对话框，如果对预览效果满意，则单击【确定】按钮。

05 新建规则后的效果如右上图所示。

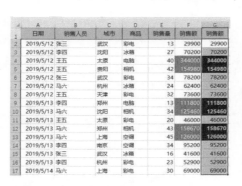

06 使用同样的方法再次新建规则，单击【确定】按钮。

07 设置条件格式后的最终效果如下图所示。

TIPS

利用条件格式把符合需求的数据用不同颜色突出显示后，可以对其按颜色排序。

本章回顾

本章主要介绍Excel中的数据验证和条件格式功能，在录入数据时，我们利用这2个功能可以提高数据输入的准确率。

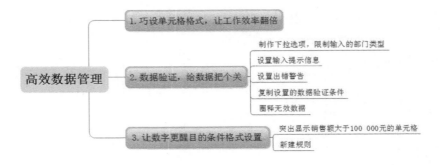

作者寄语

• 数据管理的重要性

在Excel中，有时候需要在单元格中的内容添加一些限制条件，或者是创建下拉列表等操作，这就用到了数据验证。

Excel作为采集数据的工具，它需要让别人来填写数据，而许多的数据都是有规则的。例如成绩一般是0到100的整数；产品的订购数量不能超过库存数量，而且还必须是整数。

为了能够让Excel中的数据不出错，通常的方法都是给予一份"填写说明"，为Excel中的每列都定义规则。例如"该列为0~100的整数""该列只能输入A、B、C、D"等。

然而事实是很少有人会按照"填写说明"——来对照规则，采集数据的Excel文件中仍然会出现错误，不得不进行人工数据校对，这让工作效率大大降低。

此时，为输入单元格中的内容设置一些限制条件，就显得尤为重要。

通过数据验证，可以防止输入错误的、不规范的数据。而通过下拉菜单，可以不用键盘，只需要单击鼠标就可以完成数据输入。当然，制作下拉菜单的前提是，单元格所有的可能值都可以被列举出来。

通过这些数据管理手段，将填写说明嵌入Excel文件中，并且由Excel来校对，你的工作效率就可以大大提升了。

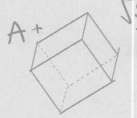

第 7 章

高效数据分析必备技能
——函数

Excel 函数可以满足用户需求，帮助用户解决遇到的问题，是分析数据必备的技能。学习函数的过程是一个需要不断优化、改进公式的过程，这个过程可以加深我们对函数的理解。

7.1 快而有效的函数学习方法

学习函数必须要有良好的方法，这样才能提高学习的效率。下面介绍6种快而有效的函数学习方法。

1. 养成良好的函数输入习惯

对于初学者而言，输入函数时可以打开【函数参数】对话框，在各参数文本框中输入参数，输入参数时可以直接输入，也可以将输入光标定位至参数框后，在表格中拖曳鼠标指针选择参数。

对于有一定基础的用户，可以直接在编辑栏中输入"="，再输入函数名称，当下方出现相关函数选项后，直接单击该选项即可完成函数输入，还可以根据下方的提示输入参数。

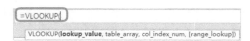

2. 善于借助帮助功能

学习函数的过程中，我们遇到不会的函数，可以借助Excel的帮助功能。按【F1】键打开【帮助】窗口，在搜索框中搜索要查看的函数，单击搜索到的链接即可查看有关该函数的帮助。

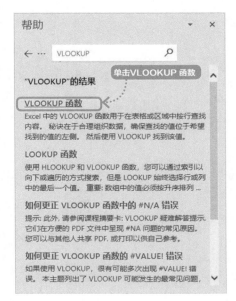

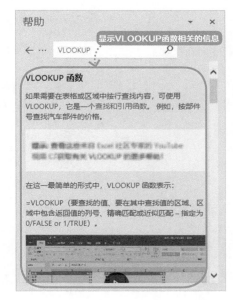

3. 轻松调试Excel函数

输入的函数如果出现错误，可以通过选择参数、按【F9】键求值以及公式求值这3种方法调试函数，它们是解析函数时常用的功能，称为解析函数公式的"三剑客"。

（1）选择参数：在编辑栏中将输入光标放在函数名称中，下方会显示该函数的语法。

单击相应的函数参数，即可在公式中选择与此参数对应的表达部分，以便分析特别长的公式。

（2）按【F9】键求值：选择公式中的部分内容，按【F9】键，可以显示出选择部分的公式的计算结果，按【Esc】键可以取消结果的显示并恢复原样。

（3）公式求值：如果公式计算错误，可以通过公式求值的方法逐步计算，查找出错位置。单击【公式】➜【公式审核】组➜【公式求值】按钮，打开【公式求值】对话框。

逐次单击【求值】按钮，即可逐步计算，直至计算完全部公式。

4．准确地理解别人写好的复杂公式

对于别人写好的很长、嵌套很复杂的公式，直接理解起来比较困难，可以按照以下步骤准确理解。

（1）由外到内，逐个梳理公式中包含的每个函数的结构和语法。

（2）根据最外层的函数找准参数，厘清公式的结构，将每个参数分离并记录下来。

（3）由前往后逐个分析每个参数的作用。

（4）参数中包含多层嵌套的，可以使用同样的方法逐个理解其含义。

5．不可不学的绝对引用和相对引用

在使用公式和函数时，引用单元格是

常用的操作。引用就是获取单元格或数据区域的地址名，首先来看下面这个例子。

打开"素材\ch07\相对引用与绝对引用.xlsx"文件，在"要求"工作表中需要根据各部门的工资总额计算出各部门工资占比。可以看到C1单元格使用的公式是"=B2/SUM(B2:B6)"，并且计算出"人事部"工资占比为"14.89%"。这里的"B2""B2:B6"就是对单元格和单元格区域的引用。

	A	B	C
	部门	工资总额	各部门占比
2	人事部	2345678	14.89%
3	财务部	3231233	
4	生产部	5435345	
5	销售部	4322444	
6	后勤部	423423	

C2 | =B2/SUM(B2:B6)

向下填充结果至C5单元格，可以看到"后勤部"工资总额最少，但占比是"100%"，如下图所示。出错的原因是什么？选择C6单元格，编辑栏中的公式为"=B6/SUM(B6:B10)"，看到引用会随着填充区域的变化而改变，分子"B6"的变化是正确的，但后面求工资总额的SUM函数的参数引用的变化却是错误的，此时不需要这部分参数引用发生变化。这里就涉及绝对引用和相对引用的问题。什么是绝对引用？什么是相对引用？这两者的区别是什么？

	A	B	C
	部门	工资总额	各部门占比
2	人事部	2345678	14.89%
3	财务部	3231233	24.09%
4	生产部	5435345	53.39%
5	销售部	4322444	91.08%
6	后勤部	423423	100.00%

C6 | =B6/SUM(B6:B10)

下面就来介绍相对引用和绝对引用的区别。

（1）相对引用。在"相对引用与绝对引用.xlsx"文件中选择"绝对引用与相对引用"工作表，选择B9单元格，输入公式"=B1"，按【Enter】键。这是在B9单元格中引用B1单元格，B9单元格所呈现的结果是B1单元格中的内容"姓名"。

B9 | =B1

选择B9单元格，横向向右填充，可以看到单元格中的引用变为C1、D1、E1……列号随单元格变化。

	A	B	C	D	E	F
		姓名	岗位工资	基本工资	绩效工资	奖金
2		张三	914	964	433	981
3		李四	496	10	587	939
4		王五	727	55	270	236
5		冯六	790	26	690	185
6		赵七	396	43	657	739
8	相对引用					
9	=B1	姓名	岗位工资	基本工资	绩效工资	奖金

E9 | =E1

选择B9单元格，纵向向下填充，可以看到单元格中的引用变为B2、B3、B4……行号随单元格变化。

这种引用方式就是相对引用。

	A	B	C	D	E
		姓名	岗位工资	基本工资	绩效工资
2		张三	914	964	433
3		李四	496	10	587
4		王五	727	55	270
5		冯六	790	26	690
6		赵七	396	43	657
8	相对引用				
9	=B1	姓名		岗位工资	基本工资	绩效工资
10		张三			
11		李四			
12		王五			

TIPS

如果选择 B9 单元格，纵向向上填充，可以看到 B8 单元格中显示"#REF!"，这表示引用错误。

（2）固定列的绝对引用。选择 B15 单元格，输入公式"=$B1"，按【Enter】键，然后横向向右填充，会看到单元格中的引用及显示结果都不发生变化。

这里在"B"前加了"$"符号，用它来表示锁定列号，这种引用方式就是绝对引用。

选择 B15 单元格，纵向向下填充，可以看到单元格中的引用会变为$B2、$B3、$B4……"$"符号只锁定了列号，向下填充时，行号仍然会变化。

（3）固定行的绝对引用。选择 B20 单元格，输入公式"=B$1"，按【Enter】键，然后横向向右填充，会看到单元格中的引用变为C$1、D$1、E$1……

此时锁定了行号，选择 B20 单元格，纵向向下填充，可以看到单元格中引用的行号不会发生变化。

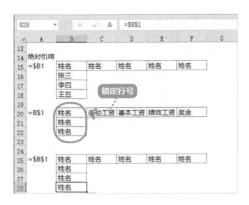

（4）固定行、列的绝对引用。选择B25单元格，输入公式"=$B$1"，按【Enter】键。此时行号和列号之前都添加了"$"符号，然后横向向右填充或纵向向下填充，单元格中的引用及显示结果都不会发生变化。

使用【F4】键可以在相对引用和绝对引用之间切换。双击包含引用内容的单元格或单击编辑栏，进入编辑状态后按【F4】键，即会看到引用在"B1""$B$1""B$1""$B1"之间循环切换。

接下来返回第1个案例，选择"要求"工作表的C2单元格，这里需要SUM函数的参数"B2:B6"不发生变化，可使用绝对引用。选择编辑栏中的"B2:B6"，按【F4】键，即可看到单元格区域引用变为"$B$2:$B$6"。

TIPS

选择公式中完整的单元格区域引用后按【F4】键，才会整体发生变化。

按【Enter】键并向下填充至C6单元格，即可计算出各部门工资占比。

	部门	工资总额	各部门占比	
1	部门	工资总额	各部门占比	
2	人事部	2345678	14.89%	
3	财务部	3231233	20.51%	
4	生产部	5435345	34.49%	
5	销售部	4322444	27.43%	
6	后勤部	423423	2.69%	

下面再通过一个小案例巩固相对引用和绝对引用的知识。选择"应用"工作表，求出A列单元格累加之和。选择B2单元格，输入公式"=SUM($A$2:A2)"，按【Enter】键。

B2		× ✓ fx	=SUM($A$2:A2)
	A		C
1		输入	
2	1	1	
3	2		
4	3		
5	4		
6	5		

B10		× fx	=SUM($A$2:A10)
	A	B	C
1			
2	1	1	
3	2	3	
4	3	6	
5	4	10	
6	5	15	
7	6	21	
8	7	28	
9	8	36	
10	9	45	

使用填充功能填充至B10单元格，即可在B列依次计算出A列单元格累加之和。

6.这样写，再复杂的公式都不会错

对于复杂的公式，我们可以先写好框架，将暂时不会写的部分空出来，然后一个模块一个模块地解决，最后将所有模块组装起来。

例如下面这个公式。

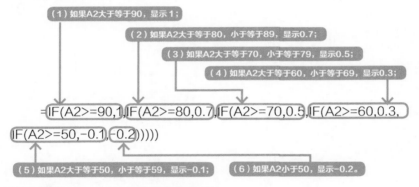

（1）如果A2大于等于90，显示1；
（2）如果A2大于等于80，小于等于89，显示0.7；
（3）如果A2大于等于70，小于等于79，显示0.5；
（4）如果A2大于等于60，小于等于69，显示0.3；

=IF(A2>=90,1,IF(A2>=80,0.7,IF(A2>=70,0.5,IF(A2>=60,0.3,
IF(A2>=50,-0.1,-0.2)))))

（5）如果A2大于等于50，小于等于59，显示-0.1；
（6）如果A2小于50，显示-0.2。

具体写法如下，先逐个写出各种情况。

先分析第1种情况，如果A2大于等于90，则返回1，否则执行一重嵌套。

=IF(A2>=90,1,一重嵌套)

然后分析第2种情况，根据上面的条件，此时A2小于90，如果A2大于等于80，则返回0.7，否则执行二重嵌套。

IF(A2>=80,0.7,二重嵌套)

依次分析剩余的情况，并依次写出公式，直至最终完成。

IF(A2>=70,0.5,三重嵌套)

IF(A2>=60,0.3,四重嵌套)

IF(A2>=50,-0.1,-0.2)

最后从后往前逐步替换，用"IF(A2>=50,-0.1,-0.2)"替换"四重嵌套"，得到"IF(A2>=60,0.3,IF(A2>=50,-0.1,-0.2))"，然后用其替换"三重嵌套"，直至完成，最终写出公式"=IF(A2>=90,1,IF(A2>=80,0.7,IF(A2>=70,0.5,IF(A2>=60,0.3,IF(A2>=50,-0.1,-0.2)))))"。

7.2 再多条件也不怕，IF 函数全搞定

IF 函数的作用是根据逻辑计算的真假值，返回相应的内容。

IF 函数的语法结构如下。

IF(logical_test,value_if_true,value_if_false)

logical_test 表示计算结果为 TRUE 或 FALSE 的任意值或表达式。

value_if_true 为 logical_test 为 TRUE 时返回的值。

value_if_false 为 logical_test 为 FALSE 时返回的值。

简单来说，IF 函数的结构可以理解为：IF(判断表达式结果的真假,结果为"真"执行本语句,结果为"假"执行本语句)。

打开"IF函数基础.xlsx"文件，下面通过3个简单的案例介绍IF函数的基础应用。

7.2.1 IF函数基础应用1：使用IF函数判断降温补贴金额

如果某公司要根据员工工资级别为其发放降温补贴，工资级别为6级以上（含6级）发放降温补贴600元，否则是350元。这个案例是最基础的IF函数应用，可以先判断工资级别是否大于5（或大于等于6），如果为真，则返回600，否则返回350。

01 在打开的素材文件中选择C2单元格，输入公式"=IF(B2>5,600,350)"。

02 按【Enter】键，计算出"张七"的降温补贴费用，选择C2单元格，双击右下角的填充柄，即可计算出其他员工的降温补贴费用。

可以看出，工资级别大于等于6的员工李五和王和的降温补贴为600元，工资级别低于6的员工的降温补贴均为350元。

也可以通过【函数参数】对话框输入公式，具体操作步骤如下。

01 选择C2单元格，单击编辑栏左侧的【插入函数】按钮 f_x。

02 弹出【插入函数】对话框，选择【IF】函数，单击【确定】按钮。

03 弹出【函数参数】对话框，将输入光标放在第1个参数框内，在表中单击B2单元格，参数框内即显示B2。

04 在"B2"后输入">=6"，如下图所示。

05 在第2个参数框内输入"600"。

06 在第3个参数框内输入"350"，单击【确定】按钮。

07 可以在C2单元格内看到计算结果。

08 使用填充功能即可计算出所有员工的降温补贴。

7.2.2 IF函数基础应用2：IF函数与AND函数结合

首先认识AND函数，其语法结构如下。

AND(logical1,logical2, ...)

参数logical1、logical2等表示待检测的1~30个条件值，各条件值可为 TRUE 或 FALSE。

当所有参数的逻辑值都为真时，AND函数返回TRUE；只要有一个参数的逻辑值为假，AND函数就返回 FALSE。

在本案例中，A公司招聘时的面试条件如下：本科及以上学历、3年以上工作经验、身高超过165，无其他要求。满足以上3个条件，则应聘者具有面试资格，否则就没有面试资格。

	姓名	是否本科及以上学历	3年以上工作经历	身高	年龄	是否有驾照	是否有面试资格
9	A公司招聘面试条件						
10	必须是本科及以上学历、3年以上工作经验、且身高超过165，其它无要求						
13	张1	是	是	173	28	否	
14	张2	否	是	163	24	否	
15	张3	是	否	180	32	否	
16	张4	是	否	172	28	否	
17	张5	是	是	185	29	否	
18	张6	否	否	170	30	是	
19	张7	是	是	178	35	否	
20	张8	是	否	166	28	是	
21	张9	是	否	177	31	否	
22	张10	否	是	169	27	否	

这里以"张1"所在行为例，先分析怎样才能同时满足这3个条件。如果必须是本科及以上学历，那么B13="是"；有3年以上工作经验，则C13="是"；身高超过165，则D13>165。可以将这3个条件作为AND函数的3个参数，即AND(B13="是",C13="是",D13>165)，之后将AND函数作为IF函数的判断条件即可。

01 选择H13单元格，单击编辑栏左侧的【插入函数】按钮。

02 弹出【插入函数】对话框，选择IF函数，单击【确定】按钮。

03 弹出【函数参数】对话框，在第1个参数框中输入"AND(B13="是",C13="是",D13>165)"。

04 在第2个参数框中输入""有资格""。

TIPS

在函数和公式中输入汉字时，汉字必须要添加半角双引号。

05 在第3个参数框中输入""无资格""，单击【确定】按钮。

06 可以看到会显示"张1"有面试资格。

[截图: H13 单元格 =IF(AND(B13="是",C13="是",D13>165),"有资格","无资格")]

07 向下填充至H22单元格，即可得出每个应聘者是否有面试资格。

TIPS

　　若将该案例中的公式更改为 "=IF((B13=" 是 ")*(C13=" 是 ")*(D13>165)," 有资格 "," 无资格 ")"，能否计算出结果呢？

　　这里将 AND 函数换成用乘号相连的 3 个条件，每个条件的计算结果是 TRUE 或 FALSE，只有所有结果都为 TRUE，返回结果才为 TRUE，只要有一个条件为 FALSE，返回结果就为 FALSE。所以换成上面的公式是可以计算出结果的。

7.2.3　IF函数基础应用3：IF函数与OR函数结合

　　首先认识OR函数，其语法结构如下。

OR(logical1,logical2,...)

　　参数logical1、logical2等为需要进行检验的条件表达式。

　　只要任何一个参数的逻辑值为TRUE，即返回TRUE；所有参数的逻辑值为FALSE，才返回 FALSE。

　　在本案例中，B公司招聘时的面试条件如下：要么有驾照和3年以上工作经验，要么有本科学历。这里应聘者同时有驾照和3年以上工作经验，则具有面试资格；或者只要有本科学历，就具有面试资格。这两个条件只要满足一个即可，因此需要使用OR函数。

[截图: B公司招聘面试条件 姓名/是否本科学历/3年以上工作经历/身高/年龄/是否有驾照/是否有面试资格表格]

　　这里以"张1"所在行为例，如果要判断是否有驾照且有3年以上工作经验，可以使

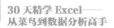

用AND函数，即AND(C30="是",F30="是")；如果要判断是否有本科学历，则只需要B30="是"。将这2个条件作为OR函数的2个参数，即OR(AND(C30="是",F30="是"),B30="是")，之后将OR函数作为IF函数的判断条件即可。

01 选择H30单元格。

02 选择IF函数，在【函数参数】对话框的第1个参数框中输入"OR(AND(C30="是",F30="是"),B30="是")"。

03 在第2个参数框中输入""有资格""。

04 在第3个参数框中输入""无资格""，单击【确定】按钮。

05 H30单元格将显示"张1"是否有面试资格。

06 向下填充至H30单元格，即可得出每个应聘者是否有面试资格。

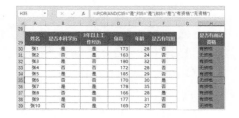

TIPS

若将该案例中的公式更改为"=IF((C30="是")*(F30="是")+(B30="是"),"有资格","无资格")"，能否计算出结果呢？

用乘号（*）替代 AND 函数的方法 7.2.2 小节已经介绍过，这里关注中间的加号（+）。加号表示两侧只要有一个条件为 TRUE，相加的结果就为 TRUE；两边均为 FALSE 时，相加才为 FALSE。所以利用上面的公式是可以计算出结果的。

"*"在这里有替代 AND 函数的效果，"+"有替代 OR 函数的效果。

7.2.4　使用IF函数和IFS函数统计绩效分

首先介绍案例要求，如果在年度考核中某公司规定：

考核成绩大于等于90，绩效为1；

考核成绩大于等于80，小于等于89，绩效为0.7；

考核成绩大于等于70，小于等于79，绩效为0.5；

考核成绩大于等于60，小于等于69，绩效为0.3；

考核成绩大于等于50，小于等于59，绩效为-0.1；

考核成绩小于50，绩效为-0.2。

怎样根据每位员工的考核成绩计算出对应的绩效分呢？

打开素材文件"统计绩效分.xlsx"，下面介绍具体操作方法。

1. IF函数方法一

在正式介绍如何使用IF函数计算绩效分之前，先来看一下下面这个公式。这个公式符合很多初学者的使用习惯，分析起来也容易理解，但这个公式是错误的！

=IF(A2>=90,1,IF(89>=A2>=80,0.7,IF(79>=A2>=70,0.5,IF(69>=A2>=60,0.3,IF(59>=A2>=50,-0.1,IF(A2<50,-0.2))))))

在上面的这个公式中"A2>=90"是判断条件，"1"是条件正确时的返回值，"IF(89>=A2>=80,0.7,IF(79>=A2>=70,0.5,IF(69>=A2>=60,0.3,IF(59>=A2>=50,-0.1,IF(A2<50,-0.2)))))"是条件错误时的返回值，这个逻辑及前两个参数是正确的。

"A2>=90"仅表达了公司规定中的第1种情况，剩余的5种情况则嵌套在第3个参数中，这个公式的错误在哪呢？在第3个参数中。可以看到第3个参数中的"89>=A2>=80""79>=A2>=70""69>=A2>=60""59>=A2>=50""A2<50"这几个条件，这几种写法是错误的。在Excel中运算"89>=A2>=80"时会先比较前2位，前2位的比较结果要么是TRUE，要么是FALSE，不论是TRUE还是FALSE，都是将逻辑值与第3位的数值比较，而Excel中规定逻辑值是始终大于数值的，所以这种写法是错误的。

那要怎样修改这个公式呢？第1个参数"A2>=90"，这个条件如果正确则会返回"1"；如果不正确，则会返回第3个参数，所以第3个参数已经自动包含了一个前提，即能进入第3个参数运算的A2已经小于90了，所以只需要写成"A2>=80"。之后的"79>=A2>=70""69>=A2>=60""59>=A2>=50"均可以按照这种逻辑处理。

最后的IF(A2>=50,-0.1,IF(A2<50,-0.2))，如果判断"A2>=50"不正确，

则表明A2中的数值小于50，所以
IF(A2<50,-0.2)就是多余的，直接将
IF(A2>=50,-0.1,IF(A2<50,-0.2))
修改为IF(A2>=50,-0.1,-0.2)即可。

经过上面的分析，将公式修改为
"=IF(A2>=90,1,IF(A2>=80,0.7,IF(
A2>=70,0.5,IF(A2>=60,0.3,IF(
A2>=50,-0.1, -0.2)))))"。

01 将上述公式复制到B2单元格中，即
可看到最终得分为"22"的绩效分为
"-0.2"，与公司规定相符。

02 填充至B8单元格，即可计算出所有员
工的绩效分。

这里在输入公式时是写好公式后直接
复制、粘贴输入的，那么是否能通过【函
数参数】对话框输入嵌套函数呢？

01 打开IF函数的【函数参数】对话框，在
第1个参数框中输入"A2>=90"，在第2
个参数框中输入"1"。

02 选择第3个参数框，单击【名称框】右
侧的下拉按钮，在弹出的下拉列表中可以
选择函数，这里选择【IF】函数。

> **TIPS**
>
> 如果下拉列表中没有要使用的
> 函数，可以单击【其他函数】选项，
> 在【插入函数】对话框中选择其他
> 函数。

03 将会再次打开IF函数的【函数参数】对
话框，在第1个参数框中输入"A2>=80"，
在第2个参数框中输入"0.7"。

04 重复上面的操作，继续插入其他函
数，单击【确定】按钮即可完成嵌套函数
的添加。

2. IF函数方法二

在方法一中，我们使用了将最终得分

从高到低进行分析的方法，即先判断大于等于90，然后依次降分判断，那是否可以对得分从低到高进行判断呢？

答案是肯定的。假设第1次判断"A2<50"，返回"-0.2"，那么后面就不需要依次判断"A2<=59""A2<=69""A2<=79""A2<=89"这几个条件。

01 选择C2单元格，在其中输入公式"=IF(A2<50,-0.2,IF(A2<=59,-0.1,IF(A2<=69,0.3,IF(A2<=79,0.5,IF(A2<=89,0.7,1))))))"，按【Enter】键，也可以看到最终得分为"22"的绩效分为"-0.2"。

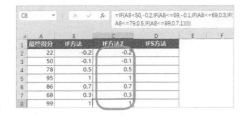

02 填充至C8单元格，即可计算出所有员工的绩效分。

3. IFS函数方法

IFS函数是Excel 2019中新增的一个函数，是一个多条件判断函数，可以替代多个IF语句的嵌套。

IFS函数的语法结构为：IFS([条件1,值1,[条件2, 值2],…[条件127,值127])，即如果A1等于1，则显示1，如果A1等于2，则显示2，或如果 A1 等于3，则显示 3。

IFS 函数允许测试最多 127 个不同的条件。

01 选择D2单元格，输入公式"=IFS(A2>=90,1,A2>=80,0.7,A2>=70,0.5,A2>=60,0.3,A2>=50,-0.1,A2<50,-0.2)"，按【Enter】键即可看到最终得分为"22"的绩效分为"-0.2"。

02 填充至D8单元格，即可计算出所有员工的绩效分。

7.2.5 在多条件下使用IF函数计算高温补助

首先介绍案例要求，某公司规定如下。

（1）工资级别大于11级且处于在职状态，高温补助为375元。

（2）工资级别大于11级且处于休假状态，高温补助为225元。

（3）发工资月份为6月、7月、8月、9月这4个月才有高温补助。

通过以上规定可以知道，只有工资级别大于11级且发工资月份为6月、7月、8月、9月这4个月才会发高温补助；满足以上条件后，员工处于在职状态，高温补助为375元，处于休假状态，高温补助为225元。

将这些内容与IF函数搭配,做成逻辑图,以便理解其中的关系,如下图所示。

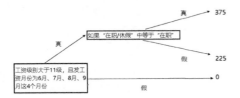

从上图可以看出,首先要考虑员工是否有资格领高温补助,如果有资格领,再考虑发多少。

怎样判断员工是否有领取高温补助的资格?

(1)工资级别大于11,即C3>11。

(2)发工资月份为6月,可以表示为B1="6月"。如果要包含6月、7月、8月、9月,可以用OR函数判断,即OR(B1="6月",B1="7月",B1="8月",B1="9月")。

(3)同时满足以上2个条件,可以用AND函数判断,即AND(C3>11,OR(B1="6月",B1="7月",B1="8月",B1="9月"))。

这样即可判定员工是否有资格领取高温补助,将其作为IF函数的第1个参数。

接下来考虑发多少的问题。这里又多了一个条件,即员工是处于在职还是休假状态,在职状态发375元,休假状态发225元,不满足领取高温补助的条件,则发0元。

(1)在职状态与休假状态,可以通过IF函数判断,即IF(D3="在职",375,225),当然也可以写成IF(D3="休假",225,375),将其作为IF函数的第2个参数。

(2)不满足领取高温补助的条件,则发0元,将其作为第3个参数。

将以上参数组合到一起,公式如下。

TIPS

B1单元格的位置是不能变化的,所以应将与其相关的引用改为绝对引用。

`01` 打开"素材\ch07\计算高温补助.xlsx"文件,选择E1单元格,在其中输入公式"=IF(AND(C3>11,OR($B$1="6月",$B$1="7月",$B$1="8月",$B$1="9月")),IF(D3="在职",375,225),0)"。

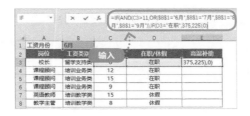

02 按【Enter】键，即可计算出第1位员工的高温补助金额为"0"。

	A	B	C	D	E
1	工资月份	6月			
2	岗位	工资类别	工资级别	在职/休假	高温补助
3	校长	留学支持类	8	在职	0
4	课程顾问	培训业务类	12	在职	
5	课程顾问	培训业务类	15	在职	
6	课程顾问	培训业务类	9	在职	

TIPS

这位员工的工资级别为 8，小于 11，不具有领取高温补助的资格。

03 双击E3单元格右下角的填充柄，完成填充，即可得出每位员工的高温补助金额。

E8		✕ ✓ fx	=IF(AND(C8>11,OR($B$1="6月",$B$1="7月",$B$1="8月",$B$1="9月")),IF(D8="在职",375,225),0)			
	A	B	C	D	E	F
1	工资月份	6月				
2	岗位	工资类别	工资级别	在职/休假	高温补助	
3	校长	留学支持类	8	在职	0	
4	课程顾问	培训业务类	12	在职	375	
5	课程顾问	培训业务类	15	在职	375	
6	课程顾问	培训业务类	9	在职	0	
7	英语教师	培训教学类	15	休假	225	
8	教学主管	培训教学类	8	休假	0	

04 单击B1单元格右侧的下拉按钮，选择"9月"。

	A	B	C	D	E
1	工资月份	9月			
2	岗位	5月	选择	在职/休假	高温补助
3	校长	6月		在职	0
		7月			
4	课程顾问	8月	12	在职	375
5	课程顾问	9月	15	在职	375
6	课程顾问	10月	9	在职	0
		11月			
7	英语教师	12月	15	休假	225
8	教学主管	培训教学类	8	休假	0

05 可以看到高温补助的金额没有变化。

	A	B	C	D	E
1	工资月份	9月			
2	岗位	工资类别	工资级别	在职/休假	高温补助
3	校长	留学支持类	8	在职	0
4	课程顾问	培训业务类	12	在职	375
5	课程顾问	培训业务类	15	在职	375
6	课程顾问	培训业务类	9	在职	0
7	英语教师	培训教学类	15	休假	225
8	教学主管	培训教学类	8	休假	0

06 在B1单元格中，选择"11月"，可以看到高温补助的金额均为"0"，即所有员工都不满足发放条件。

	A	B	C	D	E
1	工资月份	11月			
2	岗位	工资类别	工资级别	在职/休假	高温补助
3	校长	留学支持类	8	在职	0
4	课程顾问	培训业务类	12	在职	0
5	课程顾问	培训业务类	15	在职	0
6	课程顾问	培训业务类	9	在职	0
7	英语教师	培训教学类	15	休假	0
8	教学主管	培训教学类	8	休假	0

7.3 VLOOKUP函数让查找无所不能

VLOOKUP函数是常用的查找函数，其功能是按列查找。下面将通过4个案例介绍VLOOKUP函数的使用方法。

7.3.1 根据指定信息自动生成对应信息

打开素材文件"提取员工部门信息.xlsx"，如下图所示，这里需要从原始数据区域中将部分员工的部门和学历信息提取出来。

	A	B	C	D	E	F	G	H
1	工号	姓名	性别	部门	职务	学历	婚姻状况	出生日期
2	0001	张三	男	总经理办公室	总经理	博士	已婚	1963/12/12
3	0002	李四	男	财务部	副总经理	硕士	已婚	1965/6/18
4	0003	王五	女	总经理办公室	副总经理	本科	已婚	1979/10/22
5	0004	丁六	男	生产部	职员	大专	已婚	1986/11/1
6	0005	乔七	女	总经理办公室	职员	本科	已婚	1982/8/26
7	0006	段八	女	人力资源部	职员	高中	已婚	1983/5/15
8	0007	陈九	男	车间	经理	本科	已婚	1982/9/16
9	0008	冯十	男	人力资源部	副经理	本科	未婚	1995/3/19
10								
11								
12	姓名	部门	学历					
13	张三							
14	王五							
15	段八							
16	乔七							
17	陈九							
18	李四							

　　这里的姓名是关键查找值，在原始数据区域中是不允许重复出现的。对于 Excel 来说，用于查找的数据必须是唯一的、精准的。如果姓名有重复，则可以用工号作为关键查找值。

01 在打开的素材文件中选择 B13 单元格，单击编辑栏中的【插入函数】按钮。

02 弹出【插入函数】对话框，在【搜索函数】文本框中输入"VLOOKUP"，单击【转到】按钮。

03 可以看到所需的函数，单击【确定】按钮。

04 打开【函数参数】对话框，在该对话框中可以看到 VLOOKUP 函数包含 4 个参数，通过填写参数，用户可以将需要的信息传递给 VLOOKUP 函数，然后 VLOOKUP 函数会根据参数返回用户需要的信息。

　　VLOOKUP 函数的语法及参数如下。
　　VLOOKUP(lookup_value, table_array, col_index_num, [range_lookup])
　　参数 1 用来确定"查找谁"。
　　参数 2 用来确定"在哪儿找"。
　　参数 3 指定返回值。
　　参数 4 为 0 或 FALSE 为精确查找模式，为 1 或 TRUE 为模糊查找模式。

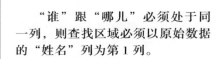

"谁"跟"哪儿"必须处于同一列，则查找区域必须以原始数据的"姓名"列为第 1 列。

05 第1个参数用来确定"查找谁"，这里将输入光标定位至第1个参数框内，单击 A13单元格，完成参数的输入。

06 第2个参数用来确定"在哪儿找"，将输入光标定位至第2个参数框内，选择 B2:H9单元格区域。

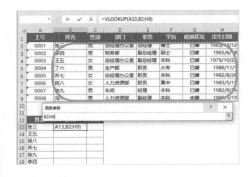

也可以单击参数框右侧的折叠按钮，选择单元格区域。此外，查找关键值和查找区域必须从同一列开始。

07 结束选择后，即可看到选择的参数，选择参数，按【F4】键，将引用改为绝对引用。

08 第3个参数的作用是返回值，这里需要返回"部门"列，它位于查找区域的第3列，在第3个参数框中输入"3"。

09 第4个参数用于选择查找模式，可以是精确查找（0或FALSE）或模糊查找（1或TRUE），这里输入"0"，单击【确定】按钮。

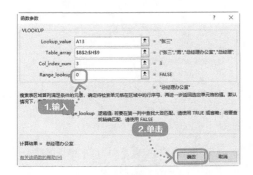

10 在B13单元格中可以看到返回值"总经理办公室"。

11 填充至B18单元格，即可提取每位员工的所属部门信息。

12 用同样的方法在C13单元格输入公式"=VLOOKUP(A13,$B$2:$H$9,5,0)"，填充至C18单元格，即可提取每位员工的学历信息。

TIPS

也可以在B13和C13单元格计算出结果后，选择B13:C13单元格区域，向下填充至B18:C18单元格区域，即可同时完成2列数据的提取。

● **练习**

下面通过一个练习，巩固根据指定内容获取员工信息的方法。

01 在打开的素材文件中，选择"练习"工作表中的B2单元格，单击编辑栏中的【插入函数】按钮。

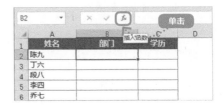

02 弹出【插入函数】对话框，选择VLOOKUP函数，单击【确定】按钮。

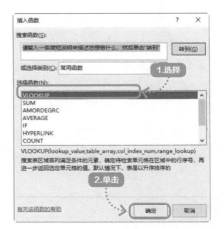

03 打开【函数参数】对话框，将输入光标定位至第1个参数框内，单击A2单元格，完成参数的输入。

04 将输入光标定位至第2个参数框内，选择"基础"工作表中的B2:H9单元格区域。

05 结束选择后返回【函数参数】对话框，按【F4】键，将引用改为绝对引用。

"表名称!引用区域"是跨表引用的常用格式。

06 第3个参数的作用是返回值，这里需要返回"部门"列，它位于查找区域的第3列，在第3个参数框中输入"3"。

07 第4个参数是选择查找模式，可以是精确查找（0或FALSE）或模糊查找（1或TRUE），这里输入"0"，单击【确定】按钮。

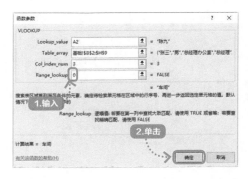

08 在B2单元格中即可看到返回值"车间"，即员工"陈九"的部门是"车间"。

09 将输入光标放在编辑栏的公式中，即可显示函数的参数，单击语法结构中的参数名称即可选择公式中的对应参数。

10 按【F4】键，将"A2"改为"$A2"，将A列锁定。

11 用同样的方法在C2单元格输入公式 "=VLOOKUP(\$A2,基础!\$B\$2:\$H\$9,5,0)"，按【Enter】键，即可提取每位员工的学历信息。

12 选择B2:C2单元格区域，将鼠标指针放在C2单元格右下角的填充柄上，按住鼠标左键并向下拖曳即可提取所有员工的部门和学历信息。

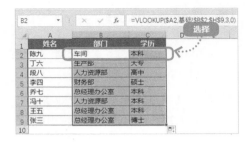

7.3.2　根据关键字对比两表的异同并计算差额

打开素材文件"计算工资差额.xlsx"，该文件包含"七月工资"和"八月工资"2个工作表。现在需要对比7月工资和8月工资并计算差额。

在"七月工资"工作表中新建2列，一列用于根据员工工号调取员工8月工资，另一列用于计算2个月的工资差额。具体操作步骤如下。

01 在打开的素材文件中，选择"七月工资"工作表，在M1单元格输入"八月份工资"，在N1单元格输入"工资差额"，并设置表格样式。

TIPS

这里使用工号进行查找，因为工号是唯一的。使用VLOOKUP函数的好处之一是在查找的时候，对查找区域的排列顺序并无要求，因此此处工号顺序可以是随机的。

G	H	I	J	K	L	M	N
补发	应发工资	公积金	社保金	缺勤扣款	实发工资	八月份工资	工资差额
1559.4	9297.28	910	1429.4	1375.38	5582.5		
859.5	4422.38	501	787.5	0	3133.88		
917.3	5710.33	535	841.3	0	4334.0		
1559.4	9385.16	910	1429.4	3451.12	3594.64		
747.6	3696.36	436	685.6	335.52	2239.24		
664.8	4837.21	388	609.8	0	3839.41		
667.4	3203.38	389	611.4	0	2202.98		
1559.4	8035.09	910	1429.4	0	5695.69		
658.4	3201.22	384	603.4	720.57	1493.25		
763.1	4916.28	445	699.1	0	3772.18		
951.1	6811.55	555	872.1	0	5384.45		
917	6281.56	535	841	0	4905.56		
464.7	2370.44	271	425.7	0	1673.74		
701	4388.02	409	643	0	3336.02		
699.7	3566.39	408	641.7	0	2516.69		
457.6	2949.67	267	419.6	0	2263.07		
518	2476.74	302	475	0	1699.74		

02 选择M2单元格，单击编辑栏中的【插入函数】按钮，打开【插入函数】对话框，选择【VLOOKUP】函数，单击【确定】按钮。

03 弹出【函数参数】对话框，在第1个参数框中输入"A2"。

04 定位至第2个参数框，选择"八月工资"工作表，如果数据区域内的数据较多，可以在选择A1单元格后，按住【Ctrl+Shift】键不放，按【→】键后再按【↓】键，即可快速选择整个数据区域。然后按【F4】键，锁定选择的数据区域。

05 在第3个参数框内输入"12"。

06 在第4个参数框内输入"0"，表示精确查找，单击【确定】按钮。

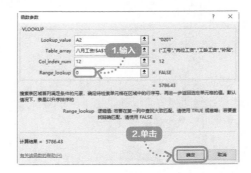

07 在"七月工资"工作表的M2单元格中即可显示编号为"0201"的员工在"八月工资"工作表中的第12列（L列）的数据。

TIPS

这里查找的是工号，在"八月工资"工作表中查找，返回L列，即第12列。

08 将鼠标指针放在M2单元格右下角，待填充柄出现，双击即可快速完成填充，提取每位员工8月的工资。

补贴	月发	加班工资	补发	应发工资	公积金	社保金	缺勤扣款	实发工资	八月份工资
225.00	4330.44	0	1559.4	9297.28	910	1429.4	1375.38	5582.5	5786.43
331.67	1038.16	0	859.5	4422.38	501	787.5	0	3133.88	1038.16
456.67	2075.68	0	917.3	5710.33	535	841.3	0	4334.03	2075.68
456.67	3451.12	0	1559.4	9385.16	910	1429.4	3451.12	3594.64	5827.87
302.50	838.81	0	747.6	3696.36	436	685.6	335.52	2239.24	1062.31
308.33	1977.79	0	664.8	4837.21	388	609.8	0	3839.41	3339.41
286.67	696.4	0	667.4	3203.38	389	611.4	0	2202.98	3949.92
410.00	2902.13	0	1559.4	8035.09	910	1429.4	0	5695.69	6492.66
225.00	776.29	0	658.4	3201.22	324	603.4	720.57	1493.25	1953.72
314.17	1955.59	0	763.1	4916.28	445	699.1	0	3772.18	4247.18
345.00	2958.28	0	951.1	6811.55	555	872.1	0	5384.45	5384.45
253.33	2576.6	0	917	6281.56	535	841	0	4905.56	5370.56
253.33	542.62	0	464.7	2370.44	271	425.7	0	1673.74	2073.74
302.50	1107.52	348	701	4388.02	409	643	0	3336.02	2942.22
345.83	828.38	35.2	699.7	3566.39	408	641.7	0	2516.69	2848.69
742.50	542.62	0	457.6	2949.67	207	425.7	0	2263.07	2573.07
258.33	542.62	33	518	2476.74	387	475	0	1699.74	2023.29
438.33	2885.78	0	1044.6	7272.9	607	957.6	0	5708.3	6065.15
416.67	1215.44	0	1016.2	5298	592	931.2	0	3774.8	4105.8
225.00	972.62	0	822.9	4035.8	480	753.9	850.58	1951.32	2262.17
339.17	742.64	33	671.4	3338.25	392	615.4	0	2330.85	2630.85
315.00	615.06	33	587.9	2775.63	343	538.9	0	1893.73	2188.73
0.00	1297.67	300	0	2597.67	0	0	0	2597.67	1315.07

09 选择N2单元格，输入公式"=ABS(L2−M2)"，按【Enter】键，双击填充柄，即可完成工资差额计算，效果如下图所示。

社保金	缺勤扣款	实发工资	八月份工资	工资差额
1429.4	1375.38	5582.5	5786.43	203.93
787.5	0	3133.88	1038.16	2095.72
841.3	0	4334.03	2075.68	2258.35
1429.4	3451.12	3594.64	5827.87	2233.23
685.6	335.52	2239.24	1062.31	1176.43
609.8	0	3839.41	3839.41	0
611.4	0	2202.98	3049.92	846.94
1429.4	0	5695.69	6492.66	796.97
603.4	720.57	1493.25	1958.33	465.08
699.1	0	3772.18	4247.18	475
872.1	0	5384.45	5384.45	0

7.3.3　使用模糊查找实现阶梯递进数据的查找

本案例的要求如下：某公司规定加班半小时以内不算加班；加班超过半小时，不到1小时，算加班半小时，即0.5小时；超过1小时不到1.5小时，算加班1小时，依此类推。

打开"素材\ch07\模糊查找.xlsx"文件，如下图所示。可以看到D列和E列为2列辅助列。可以通过VLOOKUP函数在辅助列进行数据查找。

	A	B	C	D	E	F
1	加班小时数	VLOOKUP方法1	VLOOKUP方法2	辅助列		
2	0.1			0	0	
3	0			0.5	0.5	
4	0.7			1	1	
5	0			1.5	1.5	
6	2.6			2	2	
7	3.1			2.5	2.5	
8	0.3			3	3	
9	0			3.5	3.5	
10	1.7			4	4	
11	0.1			4.5	4.5	
12	0					
13	0.2					
14	0.8					
15						
16						
17						

模糊查找 绩效考核

> **TIPS**
>
> 模糊查找模式，通常用于数值的查找，并且查找区域中的数值一定要按升序排列。

01 在打开的素材文件中选择"模糊查找"工作表，A2单元格中的加班小时数是

"0.1"，在B2单元格输入"=VLOOKUP(A2,$D$2:$E$11,2,TRUE)"，按【Enter】键，即可计算出加班小时数为"0"。

B2 　×　✓　fx　=VLOOKUP(A2,$D$2:$E$11,2,TRUE)

	A	B	C	D	E
1	加班小时数	VLOOKUP方法1	VLOOKUP方法2	辅助列	
2	0.1	0	输入	0	0
3	0			0.5	0.5
4	0.7			1	1
5	0			1.5	1.5
6	2.6			2	2
7	3.1			2.5	2.5
8	0.3			3	3
9	0			3.5	3.5
10	1.7			4	4
11	0.1			4.5	4.5
12	0				
13	0.2				
14	0.8				

> **TIPS**
>
> 这里最后一个参数"TRUE"的含义就是模糊查找，在模糊查找工作状态下，VLOOKUP函数如果在查找区域找不到与关键查找值完全匹配的值，就会返回小于关键查找值的最大的值。

02 双击B2单元格右下角的填充柄，完成填充，即可看到已经计算出所有员工的加班小时数。

	A	B	C	D	E
	加班小时数	VLOOKUP方法1	VLOOKUP方法2	辅助列	
2	0.1	0		0	0
3	0	0		0.5	0.5
4	0.7	0.5		1	1
5	0	0		1.5	1.5
6	2.6	2.5		2	2
7	3.1	3		2.5	2.5
8	0.3	0		3	3
9	0	0		3.5	3.5
10	1.7	1.5		4	4
11	0.1	0		4.5	4.5
12	0	0			
13	0.2	0			
14	0.8	0.5			

公式栏：`=VLOOKUP(A2,$D$2:$E$11,2,TRUE)`

03 在上面的操作中辅助列为2列，其实辅助列只有1列也可以完成查找操作，在C2单元格中输入"=VLOOKUP(A2, $D$2:$D$11,1,1)"，按【Enter】键，即可计算出加班小时数为"0"。

	A	B	C	D	E
1	加班小时数	VLOOKUP方法1	VLOOKUP方法2	辅助列	
2	0.1	0	0	0	0
3	0	0		0.5	0.5
4	0.7	0.5		1	1
5	0	0		1.5	1.5
6	2.6	2.5		2	2
7	3.1	3		2.5	2.5
8	0.3	0		3	3
9	0	0		3.5	3.5
10	1.7	1.5		4	4
11	0.1	0		4.5	4.5
12	0	0			
13	0.2	0			
14	0.8	0.5			

公式栏：`=VLOOKUP(A2,$D$2:$D$11,1,1)`

输入

TIPS

这里最后一个参数为1，代表模糊查找，此外，2、-3、0.3等非0的数值都代表模糊查找。

04 双击C2单元格右下角的填充柄，完成填充，即可看到已经计算出所有员工的加班小时数。

	A	B	C	D	E
1	加班小时数	VLOOKUP方法1	VLOOKUP方法2	辅助列	
2	0.1	0	0	0	0
3	0	0	0	0.5	0.5
4	0.7	0.5	0.5	1	1
5	0	0	0	1.5	1.5
6	2.6	2.5	2.5	2	2
7	3.1	3	3	2.5	2.5
8	0.3	0	0	3	3
9	0	0	0	3.5	3.5
10	1.7	1.5	1.5	4	4
11	0.1	0	0	4.5	4.5
12	0	0	0		
13	0.2	0	0		
14	0.8		0.5		

公式栏：`=VLOOKUP(A2,$D$2:$D$11,1,1)`

TIPS

计算个税或销售提成奖金之类的数据时，都可以使用模糊查找。如果是计算请假小时数，则是往上递增的，不足半小时算半小时，依此类推，在原结果基础上加上0.5即可。

• 练习

再来看另一个案例。选择"绩效考核"工作表，这里规定得分大于等于90，绩效为1；大于等于80，小于等于89，绩效为0.7；大于等于70，小于等于79，绩效为0.5；大于等于60，小于等于69，绩效为0.3；大于等于50，小于等于59，绩效为-0.1；小于50，绩效为-0.2。

01 在打开的素材文件中选择"绩效考核"工作表。

	A	B	C	D	E
1	员工得分	绩效分		辅助列	
2	22			0	-0.2
3	50			50	-0.1
4	78			60	0.3
5	95			70	0.5
6	45			80	0.7
7	68			90	1
8	99				
9					
10					
11					

02 在表格中增加升序排列的辅助列。其中D列数据是要查找的值，按升序排列，E

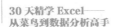

30 天精学 Excel——
从菜鸟到数据分析高手

列数据是要返回的值，根据要求设置对应的值即可。

03 在B2单元格输入公式"=VLOOKUP(A2,$D$2:$E$7,2,TRUE)"。

04 按【Enter】键，即可计算出第1位员工的绩效为"-0.2"。

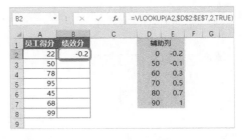

05 双击B2单元格右下角的填充柄，完成填充，即可计算出每位员工的绩效。

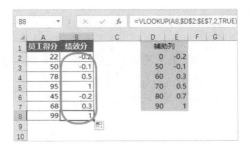

7.3.4 实现多条件查找比对

打开素材文件"多条件查找比对.xlsx"，在"工资套算表"工作表中需要根据薪级和薪档2个条件在"工资标准"工作表中查找基本工资和绩效工资。

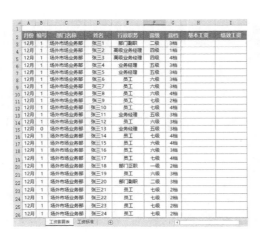

VLOOKUP函数只能实现一对一的条件查找比对，但可以通过连接符"&"将2个条件合并为1个唯一的查找条件，这种思路适用于很多条件的查找比对。

01 在打开的素材文件中选择"工资标准"工作表，在A列左侧添加一列并设置其标题为"辅助列"，输入公式"=B4&C4"，按【Enter】键，将薪级和薪档2个条件合并。

02 双击A4单元格右下角的填充柄，完成填充，将B列和C列的所有条件合并，将多个查找条件合并。

03 选择"工资套算表"工作表中的H3单元格，输入公式"=VLOOKUP(F3&G3,工资标准!\$A\$4:\$E\$45,4,0)"，按【Enter】键，计算出第1位员工的基本工资。

TIPS

这里第1个参数是"F3&G3"，代表将F3和G3单元格内的值合并作为1个查找条件。

04 选择I3单元格，输入公式"=VLOOKUP(F3&G3,工资标准!\$A\$4:\$E\$45,5,0)"，按【Enter】键，计算出第1位员工的绩效工资。

05 选择H3:I3单元格区域，双击右下角的填充柄完成填充，即可根据薪级和薪档计算出每位员工的基本工资和绩效工资。

使用 VLOOKUP 函数时,遇到较多的是 "#N/A" 类错误,此时如果公式没有问题,通常情况下应考虑关键查找值与查找区域的值是否一样，如格式是否相同、是否包含多余符号等。这类格式问题的解决方法在第 3 章有详细的介绍。

7.4 利用VLOOKUP与MATCH函数利用嵌套实现多条件查找

打开素材文件"VLOOKUP与MATCH嵌套实现查找.xlsx"，"价格表"工作表包含了不同型号的产品在不同地区的价格的基础数据。

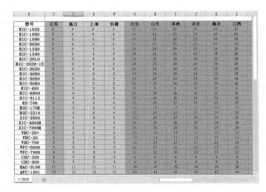

在介绍本章内容之前，首先认识一下MATCH函数。

MATCH函数用于返回指定数值在指定数组区域中的位置。

1.语法结构

MATCH(<关键字>,<区域>,[查找方式])

2.功能

MATCH函数是一个查找函数，在指定<区域>内，以某种[查找方式]，按<关键字>进行查找，并返回找到的值的相对位置（相对于<区域>的位置，即在<区域>内的第几行或第几列）。如果没有找到，则返回错误值 #N/A。

3.参数

<关键字>：要被查找的关键字，可以是单元格引用，也可以是数字、文本或逻辑值。

<区域>：在某区域内查找。该区域可以是单元格区域或数组。如果是单元格区域，则需要是单个连续的行或列。

[查找方式]：指明用什么方式进行查找。此参数只能是以下3个值中的任何一个：0代表精确查找，就是指内容完全相等；1代表查找小于或等于<关键字>的最大值，此时<区域>的内容必须已经按升序进行了排序；–1代表查找大于或等于<关键字>的最小值，此时<区域>的内容必须已经按降序进行了排序。

4.应用场景

当我们需要查找关键字在区域中的位置而非关键字本身时，就应使用 MATCH 函数。例如，可以使用 MATCH 函数给 INDEX 函数提供"row_num"参数值，以结合使用这2个函数来完成动态图表。

5.举例

例如有以下表格。

	A	B	C
1	地区	销售额/万	占比
2	华东	256	18%
3	华北	213	15%
4	华东	356	26%
5	中南	249	18%
6	西南	167	12%
7	西北	154	11%

MATCH("华东",A2:A7,0)的结果为1。因为"华东"位于指定区域内的第1行。当然，第3行也是"华东"，但该函数仅返回第1次发现值的位置。

MATCH("华西",A2:A7,0)为#N/A。因为此时的查找方式是精确查找，查找不到相同的值，就返回#N/A。

如果把上述公式的最后一个参数改为1或-1，则进行模糊查找，由于该列未排序，结果不可预料。

7.4.1　求不同型号的产品在不同地区的价格

如下图所示，需要求不同型号的产品在不同地区的价格，这里包含"型号"和"地区"两种型号，并且"型号"位于B列，而"地区"位于第2行，这时两个条件无法通过辅助列合并。

	型号	地区	价格
36			
37	HIC-1020	辽宁	
38	HIC-1050	北京	
39	HIC-1090	河南	
40	HIC-5030	河北	
41	HIC-1330	湖北	
42	HIC-1340	江西	
43	HIC-2010	天津	
44	HIC-2020-15	湖南	
45	HIC-3020	广东	
46	HIC-3050	湖北	
47	HIC-5050	广东	
48	HIC-5080	广西	
49	HIC-400	云南	
50	HIC-6800	天津	
51	HIC-9112	湖南	

01 在打开的素材文件中选择D37单元格，单击编辑栏中的【插入函数】按钮。

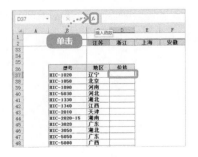

02 打开【插入函数】对话框，选择【VLOOKUP】函数，单击【确定】按钮。

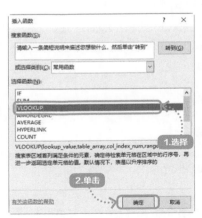

03 弹出【函数参数】对话框，在第1个参数框中输入"B37"。

04 定位至第2个参数框，选择B2单元格，按住【Ctrl+Shift】组合键不放，按【→】键后再按【↓】键，即可快速选择整个B2:AB32数据区域。然后按【F4】键，锁定选择的数据区域。

05 在第3个参数框内输入"MATCH(C37,$B$2:$AB$2,0)"。

TIPS

公式 MATCH(C37,$B$2:$AB$2,0) 的作用是，查找C37单元格中的值，查找区域是B2:AB2单元格区域，返回C37单元格中的值位于第几列。

06 在第4个参数框内输入"0"，表示精确查找，单击【确定】按钮。

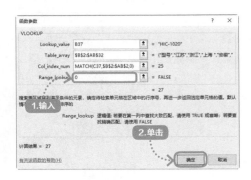

07 在D37单元格中返回"HIC-1020"型号的产品在"辽宁"的销售价格为"27"。

08 将鼠标指针放在D37单元格右下角的填充柄上，双击完成填充，计算出不同型号的产品在不同地区的价格。

	型号	地区	价格
35			
36			
37	HIC-1020	辽宁	27
38	HIC-1050	北京	23
39	HIC-1090	河南	28
40	HIC-5030	河北	23
41	HIC-1330	湖北	28
42	HIC-1340	江西	28
43	HIC-2010	天津	28
44	HIC-2020-15	湖南	28
45	HIC-3020	广东	28
46	HIC-3050	湖北	28
47	HIC-5050	广东	28
48	HIC-5080	广西	33
49	HIC-400	云南	9
50	HIC-6800	天津	28
51	HIC-9112	湖南	28

7.4.2　求不同型号的产品在同一地区的价格

如下图所示，需要求不同型号的产品在同一地区的价格，这里的C55单元格包含数据验证条件。可以根据需要选择不同的地区，下方单元格中的价格会随着地区的变化而变化。

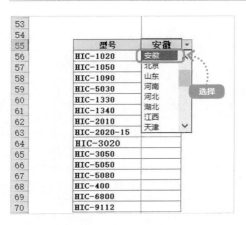

01 在打开的素材文件中选择C56单元格，单击编辑栏中的【插入函数】按钮。

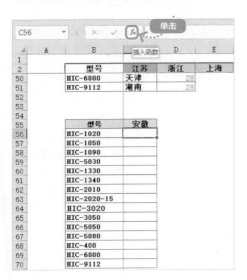

02 打开【插入函数】对话框，选择【VLOOKUP】函数，单击【确定】按钮。

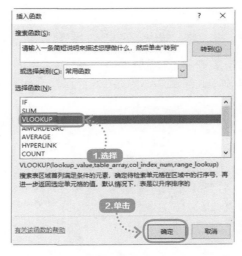

03 弹出【函数参数】对话框，在第1个参数框中输入"B56"。

04 定位至第2个参数框，选择B2单元格，按住【Ctrl+Shift】组合键不放，按【→】键后再按【↓】键，即可快速选择整个B2:AB32数据区域。然后按【F4】键，锁定选择的数据区域。

159

05 在第3个参数框内输入"MATCH($C$55,$B$2:$AB$2,0)"。

TIPS

　　公式 MATCH($C$55,$B$2:$AB$2,0) 的作用是，查找 C55 单元格中的值，查找区域是 B2:AB2 单元格区域，返回 C55 单元格中的值位于第几列。需要注意的是，对 C55 单元格的引用是绝对引用。

06 在第4个参数框内输入"0"，表示精确查找，单击【确定】按钮。

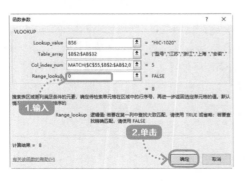

07 在C56单元格中可以计算出"HIC-1020"型号的产品在"安徽"的销售价格为"8"。

TIPS

　　在编辑栏中选择部分公式，按【F9】键，即可查询所选部分的计算结果，如选择"MATCH($C$55,$B$2:$AB$2,0)"部分，按【F9】键即可显示该部分的结果为"17"。可以按【Esc】键将结果重新恢复为公式表达。

=VLOOKUP(B56,$B$2:$AB$32,17,0)

　　如果此时直接按【Enter】键，结果将会被固定下来，在公式中会直接显示"17"，此时按【Esc】键也无法恢复显示"MATCH($C$55,$B$2:$AB$2,0)"。

08 将鼠标指针放在C56单元格右下角的填充柄上，双击完成填充，计算出不同型号的产品在"安徽"地区的价格。

	型号	安徽
55	型号	安徽
56	HIC-1020	8
57	HIC-1050	8
58	HIC-1090	9
59	HIC-5030	8
60	HIC-1330	9
61	HIC-1340	9
62	HIC-2010	9
63	HIC-2020-15	9
64	HIC-3020	9
65	HIC-3050	9
66	HIC-5050	9
67	HIC-5080	9
68	HIC-400	5
69	HIC-6800	9
70	HIC-9112	9

09 单击C55单元格右侧的下拉按钮，在下拉列表中选择其他地区，这里选择"重庆"。

型号	安徽
HIC-1020	湖南
HIC-1050	广东
HIC-1090	广西
HIC-5030	四川
HIC-1330	重庆
HIC-1340	云南
HIC-2010	贵州
HIC-2020-15	陕西
HIC-3020	9
HIC-3050	9
HIC-5050	9
HIC-5080	9
HIC-400	5
HIC-6800	9

选择

10 可以看到单元格中会自动显示不同型号的产品在重庆地区的价格。

型号	重庆
HIC-1020	27
HIC-1050	27
HIC-1090	33
HIC-5030	27
HIC-1330	33
HIC-1340	33
HIC-2010	33
HIC-2020-15	33
HIC-3020	33
HIC-3050	33
HIC-5050	33
HIC-5080	33
HIC-400	9
HIC-6800	33
HIC-9112	33

7.4.3 查找任一型号的产品在任一地区的价格

如下图所示，B75和C75单元格均包含数据验证条件，在B75单元格中可以选择型号，在C75单元格中可以选择地区。之后就可以根据选择的型号和地区查找任一型号的产品在任一地区的价格。

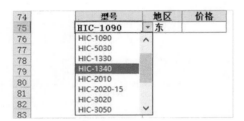

这里包含"型号"和"地区"2种条件，"型号"位于B列，而"地区"位于C列，这时2个条件无法通过辅助列合并，但可以借助MATCH函数进行查找。

01 在打开的素材文件中选择D75单元格，单击编辑栏中的【插入函数】按钮。

02 打开【插入函数】对话框，选择【VLOOKUP】函数，单击【确定】按钮。

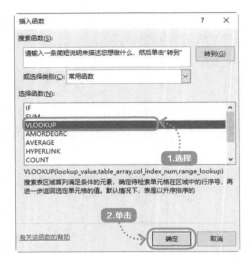

03 弹出【函数参数】对话框，在第1个参数框中输入"B75"。

04 定位至第2个参数框，选择B2单元格，按住【Ctrl+Shift】组合键不放，按【→】键后再按【↓】键，即可快速选择整个B2:AB32数据区域。

05 在第3个参数框内输入"MATCH(C75, B2:AB2,0)"。

06 在第4个参数框内输入"0"，表示精确查找，单击【确定】按钮。

07 在D75单元格中返回"HIC－1090"型号的产品在"山东"的销售价格为"28"。

08 更改B75单元格和C75单元格中的值，即可根据选择的型号和地区查找任一产品在任一地区的价格，如右图所示。

	型号	地区	价格
73			
74	型号	地区	价格
75	HIC-6800	江西	28
76			
77			

7.5 利用INDEX函数实现查找列不在最左侧时的查找

在使用VLOOKUP函数时，有一个必要条件是，查找值必须在查找区域最左侧。当查找值列不在查找区域最左侧的时候，则无法使用VLOOKUP函数实现查找。这时可以借助INDEX函数。

INDEX函数的作用是返回由文本字符串指定的引用并显示其内容。

1.语法结构

INDEX函数有2种形式，一种是数组形式，另一种是引用形式。

数组形式的语法结构如下：

INDEX(<数组>,<行数量>,[列数量])

引用形式的语法结构如下：

INDEX(<引用>,<行数量>,[列数量], [区域号])

2.功能

INDEX函数是一种查找函数，用来在指定的<数组>或<引用>区域内查找<行数量>与<列数量>交叉处的数值或者引用并返回。如果没有找到，则返回错误值 #N/A。

3.参数

<数组>：一个数组常量或单元格区域引用，表示查找范围。

<引用>：单元格区域引用。

<行数量>：相对本区域的第几行。

[列数量]：相对本区域的第几列。

[区域号]：如果引用了多个区域，需要指明区域号，表明在哪个区域中进行查找。

4.应用场景

INDEX函数往往和MATCH函数配合使用，以实现动态查找的目标。MATCH的返回值作为INDEX函数的第2或第3个参数使用。

打开"INDEX函数.xlsx"文件，如下页图所示。这里需要根据姓名查找出部门和职务信息。

工号	性别	年龄	部门	职务	学历	婚姻状况	姓名
0001	男	56	总经理办公室	总经理	博士	已婚	张三
0002	男	54	财务部	副总经理	硕士	已婚	李四
0003	女	40	总经理办公室	副总经理	本科	已婚	王五
0004	男	33	生产部	职员	大专	已婚	丁六
0005	女	37	总经理办公室	职员	本科	已婚	乔七
0006	女	36	人力资源部	职员	高中	已婚	陈八
0007	男	37	车间	经理	本科	已婚	段九
0008	男	47	人力资源部	副经理	本科	未婚	赵十

在介绍利用INDEX和MATCH函数组合进行查找前，先从简单的应用分析，来讲解 INDEX函数。

7.5.1 使用INDEX函数将所有姓名在表格中呈现出来

如下图所示，这里首先需要使用INDEX函数将所有姓名在表格的A列中呈现出来。

任务1：将所有姓名在表格中呈现出来

姓名	姓名	姓名位置
		1
		2
		3
		4
		5
		6
		7
		8

01 在打开的素材文件中选择A14单元格，在其中输入"=INDEX($H$2:$H$9,1)"。

> **TIPS**
>
> 步骤 **01** 中的公式的作用是返回 H2:H9 单元格区域中的第 1 个值。

02 按【Enter】键，A14单元格中即可显示"张三"。

姓名	姓名	姓名位置
张三		1
		2
		3
		4
		5
		6
		7
		8

03 向下填充至A21单元格，可以看到所有单元格中均显示"张三"。

姓名	姓名	姓名位置
张三		1
张三		2
张三		3
张三		4
张三		5
张三		6
张三		7
张三		8

> **TIPS**
>
> 第 2 个参数"1"在填充时不会发生变化。

04 如果要显示出所有的姓名，需要依次修改A15:A21单元格区域中公式的第2个参数为"2~8"。

05 在C列中可以看到已经设置了一组1~8的序列，可以将INDEX函数的第2个参数换成引用的形式，这里在B14单元格中输入公式"=INDEX($H$2:$H$9,C14)"，按【Enter】键，即可在B14单元格中显示"张三"。

	姓名	姓名	姓名位置
14	张三	张三	1
15	李四		2
16	王五		3
17	丁六		4
18	乔七		5
19	陈八		6
20	段九		7
21	赵十		8

06 再次填充至B21单元格，即可将所有姓名显示在B列。

	姓名	姓名	姓名位置
14	张三	张三	1
15	李四	李四	2
16	王五	王五	3
17	丁六	丁六	4
18	乔七	乔七	5
19	陈八	陈八	6
20	段九	段九	7
21	赵十	赵十	8

如果误删了辅助列，容易导致计算出错，此时可以使用ROW函数实现辅助列的功能。

TIPS

ROW 函数的作用是返回一个引用的行号。

其语法结构：

ROW([reference])

参数 reference 为需要得到行号的单元格或单元格区域，可以为空，为空时显示函数当前所在行的行号。

reference 的外侧有一对"[]"，该方括号的作用是说明参数可选，在查看 Excel 帮助时，凡是参数介绍中有"[]"出现，即说明该参数为可选参数。

如在 E14:E21 单元格区域输入公式"=ROW()"，可以看到单元格中会显示当前行的行号 14~21。

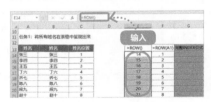

在 F14 单元格中输入公式"=ROW(A1)"并填充至 F21 单元格，可以看到会显示 A1~A8 行的行号 1~8。

这时就可以结合使用 INDEX 和 ROW 函数将所有姓名显示出来。

01 在打开的素材文件中，选择G14单元格，输入"=INDEX($H$2:$H$9，ROW(A1))"，按【Enter】键即在G14单元格中显示"张三"。

02 双击G14单元格右下角的填充柄，完成填充，即可显示出所有姓名。

7.5.2　将标题栏在表格中呈现出来

标题栏显示在首行，如果要将标题栏在其他位置显示出来，可以先结合ROW函数看一下效果。

01 在打开的素材文件中选择A26单元格，输入"=INDEX($A$1:$I$1,ROW(A1))"，按【Enter】键。

02 向下填充至A34单元格，即可纵向显示所有标题。

> **TIPS**
>
> 如果横向填充，则仅显示"工号"文本。
>
> 如果要横向显示所有标题，可以使用COLUMN函数作为INDEX函数的第2个参数。
>
> COLUMN函数可以返回给定单元格引用的列号，它的语法结构为COLUMN([reference])
>
> reference为要返回其列号的单元格或单元格区域。

01 在打开的素材文件中选择A37单元格，输入"=INDEX($A$1:$I$1,COLUMN(A1))"，按【Enter】键。

02 向右填充至I37单元格，即可横向显示所有标题。

7.5.3　使用INDEX和MATCH函数实现查找

介绍了INDEX函数的使用方法后，下面介绍结合使用INDEX和MATCH函数实现查找值不在最左侧时的查找。

01 在打开的素材文件中选择B44单元格，输入"=INDEX($D$2:$D$9,MATCH(A44,$H$2:$H$9,0))"，按【Enter】键即可在B44单元格中显示查找结果"总经理办公室"。

02 双击B44单元格右下角的填充柄，完成填充，即可查找所有列出员工的部门信息。

03 选择C44单元格，输入"=INDEX($F$2:$F$9,MATCH(A44,$H$2:$H$9,0))"，按【Enter】键即可在C44单元格中显示查找学历结果"博士"。

04 双击C44单元格右下角的填充柄完成填充，即可查找出所有列出员工的学历信息。

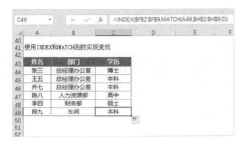

7.6 利用SUMIFS函数完美搞定各类求和

SUMIFS函数的作用是对多条件单元格求和。本节将通过多个案例介绍SUMIFS函数的使用方法。

1.语法结构

SUMIFS(sum_range,criteria_range1,criteria1,[criteria_range2, criteria2],…)

2.参数

参数sum_range是需要求和的实际单元格，包括数字或包含数字的名称、区域或单元格引用，忽略空白值和文本值。

参数criteria_range1为条件区域，即计算关联条件的第1个区域。

参数criteria1是条件1，即从第2个参数中选择满足条件的内容。条件的形式为数字、表达式、单元格引用或文本，可用来定义将对criteria_range1参数中的哪些单元格求和。例如，条件可以表示为32、>32、B4、苹果等。

参数criteria_range2为计算关联条件的第2个区域。

参数criteria2为条件2，和第4个参数成对出现，最多允许127个区域、条件对，即参数总数不超过255个。

打开"SUMIFS函数基础应用.xlsx"文件，如下图所示。"数据源"工作表包含了不同日期、不同销售人员在不同城市销售不同商品的销售量和销售额。

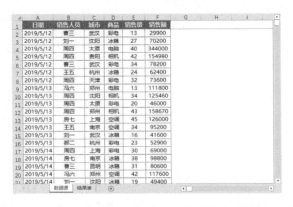

7.6.1 基础应用1：计算某一销售人员的销售量之和

切换至"结果表"工作表，任务1是要计算出销售人员"周四"的销售量之和，具体操作步骤如下。

01 在打开的素材文件中选择C5单元格，单击编辑栏中的【插入函数】按钮，在弹出的【插入函数】对话框中选择【SUMIFS】函数，单击【确定】按钮。

SUMIFS 函数中，每个 criteria_range 参数包含的行数和列数必须与 sum_range 参数相同。

04 第3个参数是具体条件，这里需要计算销售人员"周四"的销售量，可以在第3个参数框中直接选择包含"周四"的B4单元格，单击【确定】按钮。

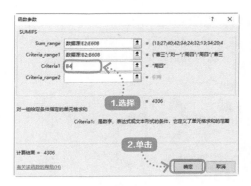

02 弹出【函数参数】对话框，在第1个参数框中选择求和区域，这里要对销售量进行求和，所以选择"数据源"工作表中的E2单元格，按【Ctrl+Shift+↓】组合键，选择所有数据。

05 这样就可以计算出销售人员"周四"的销售量之和。

03 在第2个参数框中设置条件区域，这里的条件是销售人员，所以应选择"数据源"工作表中的B2:B608单元格区域。

在 SUMIFS 函数的第 3 个参数框中也可以直接输入 ""周四""，条件表达如果是中文文本，必须用英文双引号括起来。

7.6.2 基础应用2：计算销售量超过某一数值的销售额之和

任务2是要计算出销售量超过45的单元格所对应的销售额之和，具体操作步骤如下。

01 选择B9单元格。

02 调用SUMIFS函数，弹出【函数参数】对话框，要对销售额进行求和，所以在第1个参数框中选择"数据源"工作表中的F2:F608单元格区域。

03 在第2个参数框中设置条件区域，这里的条件是销售量大于45，所以条件区域应为销售量所在列，应选择"数据源"工作表中的E2:E608单元格区域。

TIPS

如果第1次选择后，选择框停留在最后一行，即第608行，可以按【Ctrl+Shift+↑】组合键，选择E1:E608单元格区域，再按【Shift+↓】组合键，即可选择E2:E608单元格区域。

04 第3个参数是具体条件，即销售量大于45，可以在第3个参数框中直接输入">45"，单击【确定】按钮。

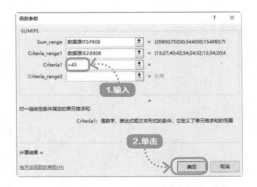

05 这样就可以计算出销售量超过45的单元格所对应的所有销售额之和。

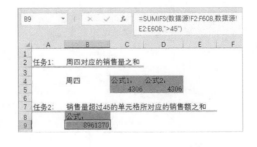

7.6.3　基础应用3：计算每位销售人员的销售量、销售额之和

任务3是分别计算每位销售人员的销售量和销售额之和，具体操作步骤如下。

01 选择C15单元格。

02 调用SUMIFS函数，弹出【函数参数】对话框，要对销售量进行求和，这里选择"数据源"工作表中的E2:E608单元格区域，按【F4】键将其转换为绝对引用。

03 在第2个参数框中设置条件区域，这里的条件是销售人员，所以条件区域应为销售人员所在列，应选择"数据源"工作表中的B2:B608单元格区域，按【F4】键将其转换为绝对引用。

04 第3个参数是具体条件，即销售人员"曹三"，可以在第3个参数框中直接选择B15单元格，连续按【F4】键，直至将其更改为"$B15"，单击【确定】按钮。

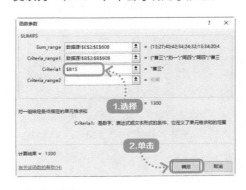

TIPS

这里希望往下填充时，行号会随之变化为16；向右填充时，又不希望列号变为C，所以需要将列锁定，将其更改为"$B15"。

05 这样就可以计算出销售人员"曹三"的销售量。

06 选择C15单元格，向右填充至D15单元格，并更改第1个参数为"数据

源！$F$2:$F$608"，按【Enter】键，计算
出"曹三"的销售额。

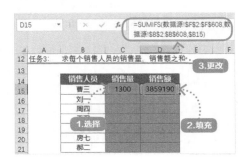

07 选择B15:C15单元格区域，双击右下角的填充柄，即可计算出每位销售人员的销售量和销售额之和。

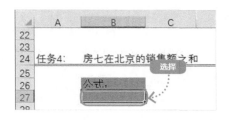

7.6.4 基础应用4：计算某一销售人员在某一地区的销售量之和

　　任务4是计算房七在北京的销售额之和，这里有2个条件，第1个是销售人员"房七"，第2个是城市"北京"，具体操作步骤如下。

01 选择B27单元格。

02 调用SUMIFS函数，弹出【函数参数】对话框，要对销售额进行求和，所以这里选择"数据源"工作表中的F2:F608单元格区域。

03 在第2个参数框中设置条件区域1，这里的条件是销售人员，所以条件区域应为销售人员所在列，应选择"数据源"工作表中的B2:B608单元格区域。

04 第3个参数是具体条件1，即销售人员"房七"，可以在第3个参数框中直接输入"房七"。

05 在第4个参数框中设置条件区域2，这里的条件是地区，所以条件区域应为地区所在列，应选择"数据源"工作表中的C2:C608单元格区域。

06 第5个参数是具体条件2，即地区"北京"，可以在第5个参数框中直接输入""北京"，单击【确定】按钮。

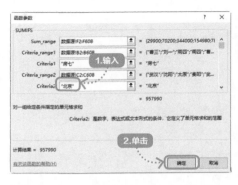

07 可以计算出房七在北京的销售额之和。

7.6.5　基础应用5：计算在某一时间区间内的销售量之和

任务5是计算2019-5-12至2019-6-13期间的销售量之和，具体操作步骤如下。

01 选择B32单元格。

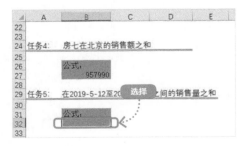

02 调用SUMIFS函数，弹出【函数参数】对话框，要对销售量进行求和。这里选择"数据

源"工作表中的E2:E608单元格区域。

03 在第2个参数框中设置条件区域1，这里的条件是日期，所以条件区域应为日期所在列，应选择"数据源"工作表中的A2:A608单元格区域。

04 第3个参数是具体条件1，即日期大于或等于"2019-5-12"，可以在第3个参数框中直接输入"">=2019-5-12""。

05 在第4个参数框中设置条件区域2，这

里的条件是日期，所以条件区域应为日期所在列，应选择"数据源"工作表中的A2:A608单元格区域。

06 第5个参数是具体条件2，即日期小于等于"2019-6-13"，可以在第5个参数框中直接输入""<=2019-6-13""，单击【确定】按钮。

07 这样就可以计算出2019-5-12至2019-6-13期间的销售量之和。

7.6.6 基础应用6：计算某个月或某几个月的销售额之和

任务6是计算5月、6月这2个月的销售额之和，这里只需要选择销售额列
"F2:F608"为实际求和区域，并设置日期的具体条件分别为">2019-4-30"及
"<2019-7-1"即可。

01 选择B37单元格，调用SUMIFS函数，并在【函数参数】对话框中如下图所示进行设置，单击【确定】按钮。

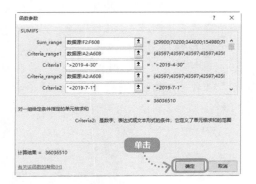

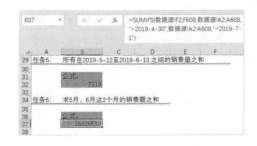

设置日期的具体条件分别为
">=2019-5-1" 及 "<=2019-6-30"
也可以计算出5月、6月这2个月的
销售额之和。

02 这样就可以计算5月、6月这2个月的
销售额之和。

7.6.7 高级应用1：计算销售人员销售不同商品的销售量之和

打开素材文件"SUMIFS函数高级应用.xlsx"，如下图所示。"数据源"工
作表包含了不同日期、不同销售人员在不同城市销售不同商品的销售量和销售额。

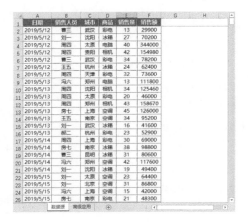

选择"高级应用"工作表，任务1是计算出销售人员销售不同商品的销售量之和，如下图所示，其中"总计"行和"总计"列需要使用SUM函数自动求和。具体操作步骤如下。

01 在打开的素材文件中选择"高级应用"工作表中的B4单元格，这里需要统计销售人员"刘一"销售"彩电"商品的销售量之和。单击编辑栏中的【插入函数】按钮，在弹出的【插入函数】对话框中选择【SUMIFS】函数，然后单击【确定】按钮。

02 弹出【函数参数】对话框，在第1个参数框中选择求和区域，这里要对销售量求和，所以选择"数据源"工作表中的E2:E608单元格区域，按【F4】键将其转换为绝对引用。

03 在第2个参数框中设置条件区域，可以先选择销售人员作为条件区域，也可以先选择商品作为条件区域，这里设置条件区域是销售人员，所以应选择"数据源"工作表中的B2:B608单元格区域，按【F4】键将其转换为绝对引用。

04 第3个参数是具体条件，这里需要计算的销售人员为"刘一"，可以在第3个参数框中直接选择包含"刘一"的A4单元格，连续按【F4】键，直至将"A4"更改为"$A4"。

此案例中，SUMIFS 函数汇总统计时，求和区域、条件区域是不需要发生变化的，唯一需要变化的是求和的条件。因此这里 A4 单元格是需要变化的，在横向拖曳时，A4 会变为 C4、D4……但不管求哪种商品的销售量，销售人员必须为"刘一"，所以 A4 单元格在横向上是不允许变化的，即需要锁定列号。在竖向拖曳时，A4 会变为 A5、A6……这个变化是我们所需要的，因此，需要将 A4 更改为"$A4"。

05 选择第4个参数框，这里的条件区域是商品，选择"数据源"工作表中的D2:D608单元格区域，按【F4】键将其转换为绝对引用。

06 选择第5个参数框，需要设置的求和条件是商品"彩电"，直接单击B3单元格，连续按【F4】键，直至将"B3"更改为"B$3"，单击【确定】按钮。

这里希望 B3 单元格在横向拖曳时列号发生变化，而竖向拖动时，行号不发生变化，因此，需要将 B3 更改为"B$3"。

07 这样就可以计算出销售人员"刘一"销售"彩电"的销售量。

08 选择B4单元格，分别横向和竖向拖曳填充柄完成填充，即可计算出不同销售人员不同商品的销售量之和。

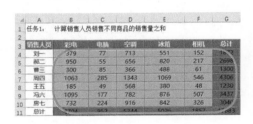

计算结束后，可以选择任意单元格，查看求和条件是否对应，如选择 E7 单元格，可以看到其中的求和条件分别指向"$A7"和"E$3"，也就表明计算结果正确。

7.6.8 高级应用2：计算每个城市不同商品的销售量之和

任务2是计算每个城市不同商品的销售量之和，具体操作步骤如下。

01 在打开的素材文件中选择"高级应用"工作表中的B16单元格，这里需要统计"北京"地区"彩电"商品的销售量之和。

02 调用SUMIFS函数，打开【函数参数】对话框，在第1个参数框中选择求和区域，这里要对销售量求和，所以选择"数据源"工作表中的E2:E608单元格区域，按【F4】键将其转换为绝对引用。

03 在第2个参数框中设置条件区域，这里设置的条件是城市，所以应选择"数据源"工作表中的C2:C608单元格区域，按【F4】键将其转换为绝对引用。

04 第3个参数是具体条件，这里需要计算的城市为"北京"，可以在第3个参数框中直接选择包含"北京"的A16单元格，连续按【F4】键，直至将"A16"更改为"$A16"。

05 选择第4个参数框，这里的条件是商品，所以选择"数据源"工作表中的D2:D608单元格区域，按【F4】键将其转换为绝对引用。

06 选择第5个参数框，需要设置的求和条件是商品"彩电"，直接单击B15单元格，连续按【F4】键，直至将"B15"更改为"B$15"，单击【确定】按钮。

07 这样就可以计算出 "北京" 地区 "彩电" 的销售量之和。

08 选择B16单元格，分别横向和竖向拖曳填充柄完成填充，即可计算出每个城市不同商品的销售量之和。

城市	彩电	电脑	空调	冰箱	相机	总计
北京	427	74	444	457	117	1519
贵阳	176	0	262	238	139	815
杭州	408	69	499	373	159	1508
合肥	216	75	401	162	69	923
昆明	273	69	188	149	176	855
南京	441	92	347	671	103	1654
上海	497	0	408	508	120	1533
沈阳	420	126	631	548	100	1825
苏州	182	97	150	199	45	673
太原	424	210	563	427	135	1759
天津	294	41	584	465	186	1570
武汉	478	0	501	403	240	1622
郑州	468	99	366	426	268	1627
总计	4704	952	5344	5026	1857	17883

7.6.9 高级应用3：计算每个销售人员在不同城市的不同商品的销售量之和

任务3是分别计算每个销售人员在不同城市的不同商品的销售量之和，这里包含3个条件，每个销售人员不同商品的销售量可以通过二维表展示，对于不同的城市，在B34单元格设置了数据验证条件，可通过下拉列表选择不同的城市。

计算每个销售人员在不同城市的不同商品的销售量之和的具体操作步骤如下。

01 在打开的素材文件中选择"高级应用"工作表中的B36单元格。

34	选择城市	昆明					
35	销售人员	彩电	电脑	空调	冰箱	相机	总计
36	刘一						0
37	郡二						0
38	曹三						0
39	周四						0
40	王五						0
41	冯六						0
42	房七						0
43	总计						0

02 选择SUMIFS函数,打开【函数参数】对话框,在第1个参数框中选择求和区域,这里要对销售量求和,所以选择"数据源"工作表中的E2:E608单元格区域,按【F4】键将其转换为绝对引用。

03 在第2个参数框中设置条件区域,设置的条件是销售人员,所以应选择"数据源"工作表中的B2:B608单元格区域,按【F4】键将其转换为绝对引用。

04 第3个参数是具体条件,这里需要计算的销售人员为"刘一",选择包含"刘一"的A36单元格,连续按【F4】键,直至将"A36"更改为"$A36"。

05 选择第4个参数框,这里的条件是商品,选择"数据源"工作表中的D2:D608单元格区域,按【F4】键将其转换为绝对引用。

06 选择第5个参数框,需要设置的求和条件是商品"彩电",直接单击B35单元格,连续按【F4】键,直至将"B35"更改为"B$35",单击【确定】按钮。

07 选择第6个参数框,这里的条件是城市,选择"数据源"工作表中的C2:C608单元格区域,按【F4】键将其转换为绝对引用。

08 选择第7个参数框，需要设置的求和条件是城市"昆明"，直接单击B34单元格，按【F4】键，直至将"B34"更改为"$B$34"，单击【确定】按钮。

09 这样就可以计算出销售人员"刘一"在城市"昆明"销售"彩电"的销售量之和。

10 选择B4单元格，分别横向和竖向拖曳填充柄完成填充，即可计算出每位销售人员在昆明销售不同商品的销售量之和。

11 单击B34单元格右侧的下拉按钮，在下拉列表中选择其他城市，这里选择"苏州"。

12 这样就可以计算出销售人员在苏州销售不同商品的销售量之和。

7.7 SUMIFS函数与通配符的结合应用

　　通常情况下，Excel中的一个单元格仅传递一个信息，如果原始数据不规范，在进行条件求和时，该怎样操作？打开"SUMIFS函数与通配符.xlsx"文件，如图所示。可以看到B列包含的数据并不规范，此时，可以借助通配符进行条件求和。

	A	B	C
1	序号	内容	费用
2	1	在职人员2月工资发放	300
3	2	5月发放退休人员交通补贴	500
4	3	5月外聘用人员医疗发放	100
5	4	外聘用人员2月工资发放	400
6	5	3月外聘用人员补贴发放	10
7	6	退休人员2月交通报销	500
8	7	6月外聘用人员工资发放	800
9	8	2月在职人员交通费用报销	100
10	9	4月在职人员交通费用报销	200
11	10	1月在职人员医疗费用报销	200
12	11	3月退休人员交通费用报销	600
13	12	1月退休人员医疗费用报销	100
14	13	外聘用人员7月医疗发放	40
15	14	3月在职人员工资报销	50
16	15	4月外聘用人员交通发放	300

TIPS

　　并不是所有的函数都可以使用通配符计算，在不清楚函数是否支持使用通配符时，可以按【F1】键打开帮助，在其中搜索该函数，在打开的页面中即可查看该函数是否支持使用通配符。

7.7.1　分别计算在职、外聘、退休人员对应的费用之和

　　选择C21单元格，首先计算在职人员的各项费用之和，输入公式"=SUMIFS($C$2:$C$16,$B$2:$B$16,"*"&"在职"&"*")"，按【Enter】键。

　　求和区域是C2:C16单元格区域，条件区域是B2:B16单元格区域，条件是"*"&"在职"&"*""，这里"*"通配符代表的是任意数据，其中"在职"和通配符"*"必须用英文引号括起来。

　　""*"&"在职"&"*""可以简写为""*在职*""，如右上图所示。

　　此时向下填充，求和条件的"在职"是不会变化的，需要一个个修改。

可以引用单元格地址来代替"在职"，B21单元格中的内容是"在职"，可以将公式修改为"=SUMIFS($C$2:$C$16,$B$2:$B$16,"*"&B21&"*")"，这样也可以进行条件求和，并且向下拖曳时，B21会变为B22、B23……不需要修改公式内容。

7.7.2　计算在职人员的交通和医疗费用

如果要计算在职人员的交通和医疗费用，需要把"在职"和"交通"，以及"在职"和"医疗"2个关键字作为求和条件，选择C28单元格，输入公式"=SUMIFS($C$2:$C$16,$B$2:$B$16,"*"&"在职"&"*"&"交通"&"*")"，按【Enter】键。

TIPS

条件区域的单元格必须同时包含"在职"与"交通"2个词，才满足计算条件。

""*"&"在职"&"*"&"交通"&"*""可以简写为""*在职*交通*""，如下图所示。

向下填充计算在职人员的医疗费用时，仍然需要将"交通"更改为"医疗"。

如果要在公式中使用引用，需要将"在职 交通""在职 医疗"分别放在不同的单元格中，并使用公式"=SUMIFS($C$2:$C$16,$B$2:$B$16,"*"&B32&"*"&C32&"*")"计算。

7.7.3　计算分别以"材""间""劳"开头的费用类别对应的结账金额之和

如下图所示，在打开的素材文件中可以看到费用类别分别以"材""间""劳"这3个字开头。

37	姓名	费用类别	结账金额	日期
38	姓名1	材 规费	10	2019/2/4
39	姓名2	材料	10	2019/2/5
40	姓名3	材料	10	2019/2/6
41	姓名4	材料	10	2019/2/7
42	姓名5	材料	10	2019/2/8
43	姓名1	材内部费用	10	2019/2/9
44	姓名1	材料	10	2019/2/10
45	姓名8	间 利润预提	10	2019/2/11
46	姓名9	间业务费	10	2019/2/12
47	姓名10	间1 规费	10	2019/2/13
48	姓名4	间接费	10	2019/2/14
49	姓名3	劳务	10	2019/2/15
50	姓名1	材料	10	2019/2/16
51	姓名2	劳务	10	2019/2/17
52	姓名1	劳务	10	2019/2/18

这里的条件分别以"材""间""劳"开头，就不需要在汉字前添加"*"通配符，只需要将计算条件设置为""材"&"*""即可，结果如右上图所示。

C56 | | fx | =SUMIFS($C$38:$C$52,$B$38:$B$52,B56&"*")

	A	B	C	D	E
37	姓名	费用类别	结账金额	日期	
38	姓名1	材 规费	10	2019/2/4	
39	姓名2	材料	10	2019/2/5	
40	姓名3	材料	10	2019/2/6	
41	姓名4	材料	10	2019/2/7	
42	姓名5	材料	10	2019/2/8	
43	姓名1	材内部费用	10	2019/2/9	
44	姓名1	材料	10	2019/2/10	
45	姓名8	间 利润预提	10	2019/2/11	
46	姓名9	间业务费	10	2019/2/12	
47	姓名10	间1 规费	10	2019/2/13	
48	姓名4	间接费	10	2019/2/14	
49	姓名3	劳务	10	2019/2/15	
50	姓名1	材料	10	2019/2/16	
51	姓名2	劳务	10	2019/2/17	
52	姓名1	劳务	10	2019/2/18	
53					
55	任务：	求费用类别分别以材、间、劳开头所对应的结帐金额之和			
56		材	80		
57		间	40		
58		劳	30		

当然，如果使用单元格引用，只需要更改求和条件为"B56&"*""即可。

7.8　使用SUMIFS函数横向求和

通过前面的学习可知，使用SUMIFS函数求和时，求和区域和条件区域都是纵向的。打开"SUMIFS函数横向求和.xlsx"文件，如下图所示。这个表格中横向包含很多不同的公司，如果需要统计不同公司的借方金额、贷方金额，可以通过SUMIFS函数进行横向求和。

	A	B	C	D	E	F	G	H	I	J
1		汇总合计				公司1			公司2	
2	借方	贷方	科目	月份	借方	贷方	余额	借方	贷方	余额
3				2018年						
4				2019年1月	28540	13000	-15540		59410	59410
5				2月	54442	136872	66890		59410	59410
6				3月			66890			59410
7				4月			66890			59410
8				5月		13872	60762		13410	72826
9				6月			60762			72826
10				7月			60762			72826
11				8月	15000		60762			72826
12				9月			60762			72826
13				10月		2500	60762			72826
14				11月			60762			72826
15				12月			60762			72826

要实现横向求和，在选择求和区域和条件区域时选择横向的单元格区域即可。

01 选择A3单元格，输入公式"=SUMIFS ($E3:$IV3,$E$2:$IV$2,"借方")"，按【Enter】键即可计算出所有的借方金额。

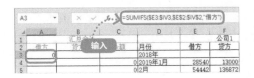

A3 | | fx | =SUMIFS($E3:$IV3,$E$2:$IV$2,"借方")

	A	B	C	D	E	F
1		汇总合计				公司1
2	借方	贷方	科目	月份	借方	贷方
3	0			2018年		
4				2019年1月	28540	13000
5			0	2月	54442	136872

> **TIPS**
>
> 这里的求和区域是 E3:IV3，条件区域是E2:IV2，求和条件是"借方"。这里可以扩展求和区域及条件区域的单元格范围，当有新公司纳入统计时，直接在后方输入数据即可自动求和。

02 选择B3单元格，输入公式"=SUMIFS ($E3:$IV3,$E$2:$IV$2,"贷方")"，按

【Enter】键即可计算出所有的贷方金额。

04 选择C3单元格，输入公式"=SUMIFS($E3:$IV3,$E$2:$IV$2,"余额")"，按【Enter】键即可计算出2018年的余额。

03 选择A3:B3单元格区域，双击填充柄，即可快速求出不同年份及月份的借方金额和贷方金额。

7.9 使用SUMIFS函数计算不同薪级、不同薪档的员工工资

7.3.4小节介绍了使用VLOOKUP函数借助辅助列计算不同薪级、不同薪档的员工的基本工资和绩效工资的方法，这里介绍另外一种方法，即使用SUMIFS函数，在不使用辅助列的情况下计算出不同薪级、不同薪档的员工的基本工资和绩效工资。

首先分析为什么可以使用SUMIFS函数来计算。"工资标准"工作表中每个薪级和薪档都对应唯一的基本工资标准和绩效工资标准，对唯一条件进行求和统计不会形成计算上的误差，这正是SUMIFS函数适用此案例的原因。如要计算基本工资，可以将"工资标准"工作表的C列，

即"基本工资标准"列作为求和区域，将"工资标准"工作表的A列作为条件区域1，将"工资套算表"中的F列中员工对应的薪级作为求和条件1，将"工资标准"工作表的B列作为条件区域2，将"工资套算表"中的G列中员工对应的薪档作为求和条件2。计算绩效工资只需要将"工资标准"工作表中的D列作为求和区域即可。

01 打开"素材\ch07\薪级薪档.xlsx"文件，选择H3单元格，输入公式"=SUMIFS(工资标准!$C$4:$C$45,工资标准!$A$4:$A$45,F3,工资标准!$B$4:$B$45,G3)"，按【Enter】键，即可计算出第1位员工的基本工资。

02 首先选择I3单元格，然后输入公式"=SUMIFS(工资标准!$D$4:$D$45,工资标准!$A$4:$A$45,F3,工资标准!$B$4:$B$45,G3)"，按【Enter】键，即可计算出第1位员工的绩效工资。

03 选择H3:I3单元格区域，双击填充柄，即可快速求出每位员工的基本工资和绩效工资。

7.10 文本函数带你玩转表格

文本函数也是常用的函数类型，主要用于表格文字的处理，分为6类：文本合并、文字提取、字符清洗、文字替换、精确查找、长度计算等，它的作用是返回文本中的一个或多个字符、查找某一个字符的位置等。

打开"素材\ch07\提取英文后数字.xlsx"文件，如下图所示。在"编号"列中列出了员工的编号，每个编号中仅有一个字母"A"，字母"A"后的数字代表员工的级别，现在要求将代表员工级别的数字提取出来。

	A	B	C
1	编号	计算字符长度（LEN）	查找A的位置（FIND）
2	XXA7		
3	A12		
4	KKKA9		
5	ppIIIA10		
6	uA15		
7	qqqA11		
8	FGA12		
9	BBBA5		
10	PRTA13		
11	12A14		

可以使用RIGHT函数或MID函数实现。在介绍这2种方法之前，首先介绍LEN函数和FIND函数。

LEN函数的作用是返回文本串的字符数，其语法结构如下。

LEN(text)

text：要查找其长度的文本，空格会作为字符进行计数。

选择B2单元格，输入公式"=LEN(A2)"，按【Enter】键，填充至B11单元格，即可计算出A列单元格中字符串的长度。

FIND函数的作用及语法结构如下。

FIND函数是对一个字符串中的某个字符串进行定位。Find函数定位时，总是从指定位置开始，返回找到的第1个匹配字符串的位置，不论其后是否还有相匹配的字符串。

FIND(find_text,within_text,start_

num)

find_text：要查找的字符串。

within_text：包含要查找关键字的单元格，就是说要在这个单元格内查找关键字。

start_num：指定开始进行查找的字符数。如start_num为1，则从单元格内第1个字符开始查找关键字；如果忽略start_num，则默认认为1。

选择C2单元格，输入公式"=FIND("A",A2)"，按【Enter】键，填充至B11单元格，即可计算出A列单元格中字母"A"所在的字符位数。

TIPS

这里要查找的内容是"A"，"A"是字符，字符和汉字都需要用英文双引号括起来，否则会提示公式错误。

7.10.1 使用RIGHT+LEN+FIND函数提取数字

RIGHT函数的作用是从字符串右端开始提取指定个数的字符，其语法结构如下。

RIGHT (string,length)

string：字符串表达式，从中返回最右侧的选定的字符；如果string包含Null，将返回Null。

length：数值表达式，指出想返回多少字符。如果为 0，返回零长度的字符串（""）；如果大于等于 string 的字符数，则返回整个字符串。

这里需要从A列提取字母"A"后的数字，具体有几位数字是不固定的，要怎么确定呢？

这时先观察，在A列中使用LEN函数可以计算出每个单元格中字符串的长度，并且可以通过FIND函数判断出"A"的位置，两者相减，就是字母"A"后数字的长度。可以在几个单元格中验证这种方法，例如A2单元格中的字符串长度为"4"，字母"A"在第3位，两者相减，结果"1"就是字母"A"后数字的长度。

将A2单元格作为RIGHT函数的第1个参数，用字符串长度减去字母"A"的位置得到的结果作为第2个参数，也就是公式"=RIGHT(A2,LEN(A2)-FIND("A",A2))"。

01 首先选择D2单元格，然后输入公式"=RIGHT(A2,LEN(A2)-FIND("A",A2))"，按【Enter】键，即可提取出字母"A"后

的数字。

02 双击D2单元格右下角的填充柄完成填充，即可提取出所有编号中字母"A"后的数字。

7.10.2　使用MID+FIND函数提取数字

MID函数的作用是从一个字符串中提取出指定数量的字符，其语法结构如下。

MID(text,start_num,num_chars)

text：字符串表达式，即要被提取的字符；如果该参数为Null，则函数返回Null。

start_num：数值表达式，表示从左起第几位开始提取。

在本例中，第1个参数就是A列单元格中的字符串，使用MID函数时，同样需要使用FIND函数计算字母"A"的位置。但在A2单元格中，字母"A"的位置是第3位，从第3位提取时会包含字母"A"，所以第2个参数应将字母"A"的位置加1。第3个参数是提取位数，这里可以输入"2"，但为了防止出现3位、4位数字的情况，可以将提取位数增

大，如设置为"10"。因此可以使用公式"=MID(A2,FIND("A",A2)+1,10)"。

01 首先选择E2单元格，然后输入公式"=MID(A2,FIND("A",A2)+1,10)"，按【Enter】键，即可提取出字母"A"后的数字。

02 双击E2单元格右下角的填充柄完成填充，即可提取出所有编号中字母"A"后的数字。

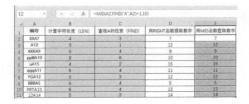

本章回顾

本章介绍了Excel中常用的几种函数，如IF函数、VLOOKUP函数、INDEX函数、SUMIFS函数以及常用的文本函数，通过这些函数，我们可以进行高效的数据分析。

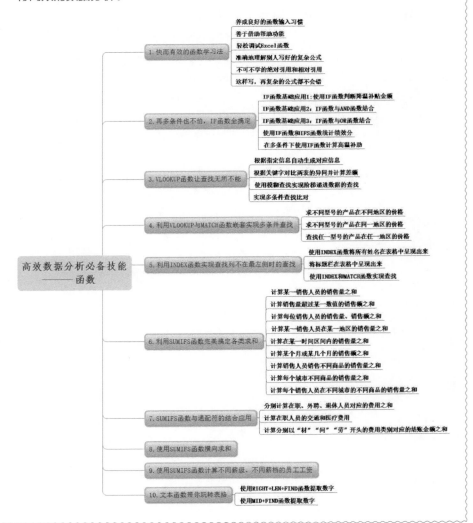

作者寄语

我们通过本章的学习可以发现，同一类问题可以用不同的函数去解决，如同样是计算不同薪级、不同薪档的员工的基本工资和绩效工资，既可以使用VLOOKUP函数，也可以使用SUMIFS函数。我们学的函数越多，就会发现方法越多。

此外，在Excel 2019中还有一些新增的函数，如IFS函数，它可以在某些情况下减少IF函数的嵌套，让用户更方便操作、更容易理解。

有些人觉得函数那么多，要怎么学习，记住每一个函数的使用方法也是不太可能的。

这里需要说明的是，学习函数不需要掌握全部函数——这是一件很难的事情。我们首先要掌握工作中常用的函数，之后在此基础上通过不断的学习，逐步掌握与工作相关的其他函数，积少成多，这才是学习函数的关键。

在学习函数的过程中，虽然Excel提供了函数参数的参考，可以帮助我们去理解函数，但是将常用的函数的语法结构、应用范围、作用记下来，并不断练习，从而彻底掌握函数的使用方法才是提升工作效率的关键；否则一段时间过去，还是不能熟练使用。

学习函数是一件很容易提升学习兴趣的事情，多总结、多思考是其中的关键。

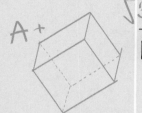

第 8 章

高效数据分析神器——
数据透视表

数据透视表可以将筛选、排序和分类汇总等功能集合到汇总表格中。数据透视表非常灵活，可以随时切换数据的显示效果，它对我们进行数据的分析和处理有很大的帮助。熟练掌握数据透视表的运用方法，可以在处理大量数据时更加得心应手。

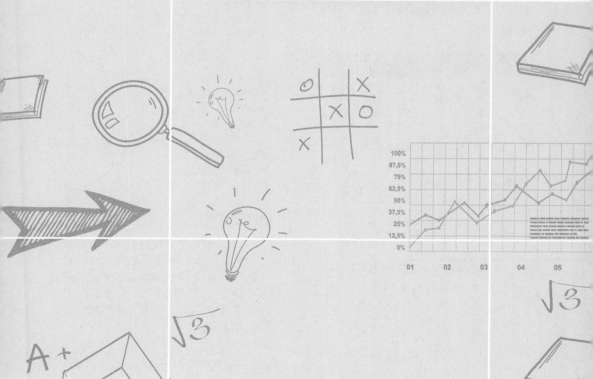

8.1 你的数据规范吗

制作数据透视表首先要求数据要规范，规范的数据才能被Excel快速、高效地处理。那么什么样的数据才算规范呢？一起来看看下面这些要求。

（1）数据区域的第1行为列标题。

（2）列标题不能重名。

（3）数据区域中不能有空行和空列。

（4）数据区域中不能有合并单元格。

（5）每列数据为同一种类型的数据。

（6）单元格的数据前后不能有空格或其他打印字符。

8.2 一分钟完成海量数据分析

上面的规范对于任何表格，尤其是基础数据表来说都是适用的。因此，我们以后设计基础数据表时都要注意遵守这些规范。

下面介绍如何创建数据透视表，具体操作步骤如下。

01 打开"素材\ch08\销售情况表"文件，选择数据区域的任意单元格，单击【插入】➔【表格】组➔【数据透视表】按钮。

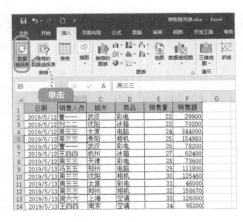

02 打开【创建数据透视表】对话框，保持默认设置，单击【确定】按钮。

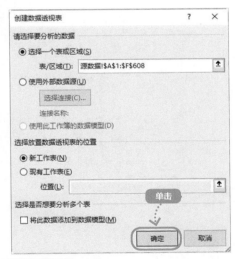

TIPS

【请选择要分析的数据】区域的作用是选择要制作数据透视表的原始数据区域，【选择放置数据透视表的位置】区域的作用是选择数据透视表是放在新工作表中还是现有的工作表中。

03 这样就可以新建空白工作表，并显示空白数据透视表和【数据透视表字段】窗格。

【数据透视表字段】窗格是一个布局窗口,【选择要添加到报表的字段】区域中显示的是原始数据表中的标题,【在以下区域间拖动字段】区域是数据透视表的布局区域,【筛选】区域用于放置筛选字段,【列】区域和【行】区域代表二维表中的列和行 2 个维度,【值】区域用于显示具体数值。

04 将【商品】字段拖曳至【列】区域,将【销售人员】字段拖曳至【行】区域,将【销售量】字段拖曳至【值】区域,将【城市】字段拖曳至【筛选】区域。

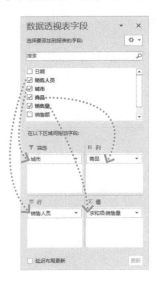

若关闭了【数据透视表字段】窗格,可以单击【数据透视表工具 – 分析】→【显示】组→【字段列表】按钮,或在数据透视表上单击鼠标右键,在弹出的快捷菜单中选择【显示字段列表】命令,都可以重新打开【数据透视表字段】窗格。

05 创建的数据透视表效果如下图所示。

城市	(全部)					
求和项:销售量	列标签					
行标签	冰箱	空调	彩电	电脑	相机	总计
曹一一	488	398	266	85	61	1298
房六六	842	924	756	224	326	3072
冯五五	876	781	1095	193	507	3452
郝七七	848	656	984	55	217	2760
刘二二	547	713	379	77	152	1868
王四四	383	568	185	49	48	1233
周三三	1069	1348	1070	269	514	4270
总计	5053	5388	4735	952	1825	17953

06 单击筛选按钮【城市】右侧的下拉按钮,在弹出的下拉列表中选择【北京】选项,单击【确定】按钮。

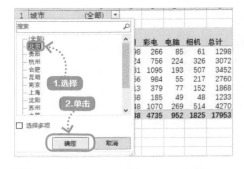

07 可以仅显示出北京的销售数据透视表。

城市	北京					
求和项:销售量	列标签					
行标签	冰箱	空调	彩电	电脑	相机	总计
曹一一		17	13			30
房六六	62	91	70	31	31	285
冯五五	139	83	36		38	296
郝七七	62	42	112			216
刘二二		121	15			136
王四四	79	36	103		48	266
周三三	115	54	78	43		290
总计	457	444	427	74	117	1519

8.3 从不同视角快速提炼数据

行标签和列标签为二维表的2个维度，行区域和列区域中的字段可以互换，甚至可以将其他字段用作行标签或列标签，只要行标签和列标签有实际统计意义即可。这样可以从不同视角快速提炼出数据的焦点。

8.3.1 更换布局区域

更换布局区域可以快速调整数据透视表的布局，以满足不同用户的查看需求。

01 接8.2节继续操作，在【数据透视表字段】窗格中将【商品】字段拖曳至【行】区域，将【销售人员】字段拖曳至【列】区域。

TIPS
更换布局区域后，数据透视表会自动根据设置改变布局。

03 此外，也可以将【城市】字段拖曳至【列】区域，将【销售人员】字段拖曳至【筛选】区域。

02 更换行标签和列标签后的数据透视表如下图所示。

城市	(全部)							
求和项:销售量	列标签							
行标签	青一一	房大六	冯五五	郝七七	刘二二	王四四	周三三	总计
冰箱	488	842	876	848	547	383	1069	5053
空调	398	924	781	656	713	568	1348	5388
彩电	266	756	1095	984	379	185	1070	4735
电脑	85	224	193	55	77	49	269	952
相机	61	326	507	217	152	48	514	1825
总计	1298	3072	3452	2760	1868	1233	4270	17953

04 更换布局后的数据透视表如下图所示。

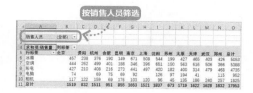

TIPS

　　销售量、销售额等数据也可以用作数据透视表的行标签或列标签，但这样制作出来的数据透视表没有实际意义。

05 【行】区域和【列】区域可以包含多个字段，如将【商品】字段也拖曳至【行】区域中，如下图所示。

06 更换布局后的效果如下图所示。

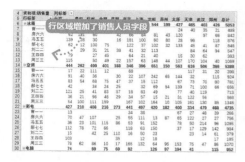

07 在【行】区域中将【销售人员】字段拖曳至【商品】字段上方，如下图所示。

08 这时可以看到数据透视表中的汇总方式会更改为按销售人员汇总，如下图所示。

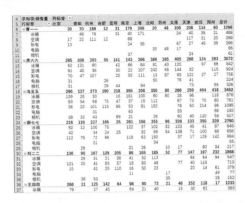

8.3.2 查看数据明细

数据透视表中的数据是以求和的形式显示在数据透视表中的，用户可以根据需要查看某一项数据的明细。

01 在8.2节创建的数据透视表中，双击"曹——"销售的"冰箱"数据，即B6单元格。

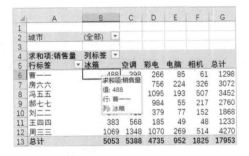

02 Excel会自动新建一张工作表并显示出详细数据，如右上图所示。

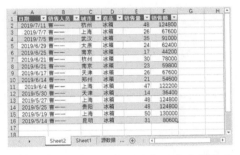

03 选择【表格工具–设计】→【表格样式选项】组→【汇总行】复选框，即可在表格底部显示汇总行。

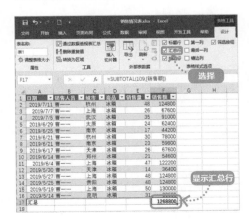

04 选择E17单元格，单击其右侧的下拉按钮，然后在弹出的下拉列表中选择【求和】选项。

05 E17单元格中将显示对上方数据求和的结果，如下图所示。

	A	B	C	D	E	F
1	日期	销售人员	城市	商品	销售量	销售额
7	2019/6/21	曹——	杭州	冰箱	30	78000
8	2019/6/21	曹——	南京	冰箱	23	59800
9	2019/6/17	曹——	天津	冰箱	26	67600
10	2019/6/14	曹——	郑州	冰箱	21	54600
11	2019/6/4	曹——	上海	冰箱	47	122200
12	2019/5/30	曹——	天津	冰箱	14	36400
13	2019/5/27	曹——	上海		48	124800
14	2019/5/25	曹——	贵阳	冰箱	48	124800
15	2019/5/19	曹——	上海	冰箱	50	130000
16	2019/5/14	曹——	昆明	冰箱	31	80600
17	汇总					1268800

1.选择 2.单击 3.选择

	A	B	C	D	E	F
1	日期	销售人员	城市	商品	销售量	销售额
2	2019/7/11	曹——	杭州	冰箱	48	124800
3	2019/7/7	曹——	上海	冰箱	26	67600
4	2019/7/5	曹——	武汉	冰箱	35	91000
5	2019/6/29	曹——	太原	冰箱	24	62400
6	2019/6/25	曹——	南京	冰箱	17	44200
7	2019/6/21	曹——	杭州	冰箱	30	78000
8	2019/6/21	曹——	南京	冰箱	23	59800
9	2019/6/17	曹——	天津	冰箱	26	67600
10	2019/6/14	曹——	郑州	冰箱	21	54600
11	2019/6/4	曹——	上海	冰箱	47	122200
12	2019/5/30	曹——	天津	冰箱	14	36400
13	2019/5/27	曹——	上海	冰箱	48	124800
14	2019/5/25	曹——	贵阳	冰箱	48	124800
15	2019/5/19	曹——	上海	冰箱	50	130000
16	2019/5/14	曹——	昆明	冰箱	31	80600
17	汇总				488	1268800

06 如果将E17单元格的统计方式更改为"计数"，则会统计上方包含数据的数量，显示"15"，如下图所示。

E17			fx	=SUBTOTAL(103,[销售量])	
	A	B	C	D	E	F
1	日期	销售人员	城市	商品	销售量	销售额
2	2019/7/11	曹——	杭州	冰箱	48	124800
3	2019/7/7	曹——	上海	冰箱	26	67600
4	2019/7/5	曹——	武汉	冰箱	35	91000
5	2019/6/29	曹——	太原	冰箱	24	62400
6	2019/6/25	曹——	南京	冰箱	17	44200
7	2019/6/21	曹——	杭州	冰箱	30	78000
8	2019/6/21	曹——	南京	冰箱	23	59800
9	2019/6/17	曹——	天津	冰箱	26	67600
10	2019/6/14	曹——	郑州	冰箱	21	54600
11	2019/6/4	曹——	上海	冰箱	47	122200
12	2019/5/30	曹——	天津	冰箱	14	36400
13	2019/5/27	曹——	上海	冰箱	48	124800
14	2019/5/25	曹——	贵阳	冰箱	48	124800
15	2019/5/19	曹——	上海	冰箱	50	130000
16	2019/5/14	曹——	昆明	冰箱	31	80600
17	汇总				15	1268800

8.3.3 设置值汇总依据

在创建数据透视表的过程中，默认通过求和的形式汇总数据，可以根据需要设置值汇总的方式，如计数、平均值、最大值、最小值、乘积或其他。

01 接8.3.2小节继续操作，选择"Sheet1"工作表，选择数据透视表区域中的任意单元格并单击鼠标右键，在弹出的快捷菜单中选择【值汇总依据】➜【最大值】命令。

02 设置值汇总依据为"最大值"后的效果如右上图所示。

8.3.4 设置值显示方式

在数据透视表中可以更改值显示方式,如总计的百分比、按列汇总的百分比、行汇总的百分比等。

01 接8.3.3小节继续操作,选择数据透视表区域中的任意单元格并单击鼠标右键,在弹出的快捷菜单中选择【值显示方式】➔【列汇总的百分比】命令。

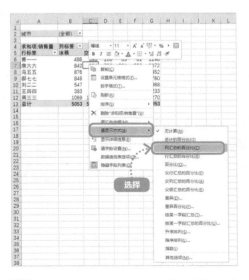

02 设置值显示方式为"列汇总的百分

比"后的效果如下图所示。

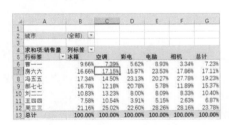

03 先将值显示方式设置为"无计算",然后选择数据透视表区域的任意单元格并单击鼠标右键,在弹出的快捷菜单中选择【值显示方式】➔【差异】命令。

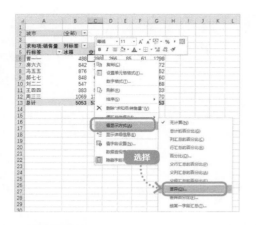

06 选择数据透视表区域的任意单元格并单击鼠标右键，在弹出的快捷菜单中选择【值显示方式】→【差异百分比】命令。

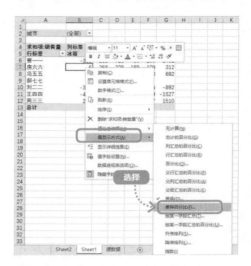

TIPS

"差异"的作用是选择某一个字段作为基本字段，并选择基本字段中的基本项，将其他同一字段的数据与基本项对比，显示对比结果。

04 弹出对话框，设置【基本字段】为"销售人员"，设置【基本项】为"郝七七"，单击【确定】按钮。

07 弹出对话框，设置【基本字段】为"销售人员"，设置【基本项】为"房六六"，单击【确定】按钮。

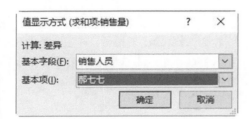

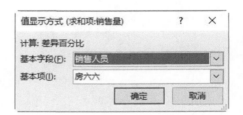

05 可以看到"郝七七"所在行会自动变为空，其他项则与"郝七七"所在行的对应项进行对比，销售量多则显示为正，否则显示为负。

08 可以看到"房六六"所在行会自动变为空，其他项则与"房六六"所在行的对应项进行对比，并显示差异百分比。

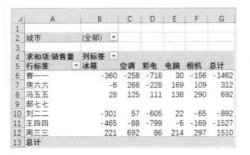

8.3.5　按月统计数据

数据源中的日期是以"日"的形式显示，如果需要按"月"统计数据，可以将【日期】字段拖曳到【行】区域，然后以【组合】的形式显示月份数据。

01 在【数据透视表字段】窗格中将【日期】字段拖曳至【行】区域，将【销售人员】拖曳至【筛选】区域。

02 更改布局后的数据透视表如下图所示。

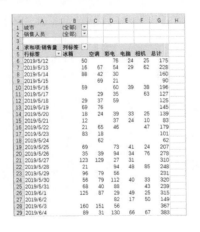

03 选择A列的任意单元格并单击鼠标右键，在弹出的快捷菜单中选择【组合】命令。

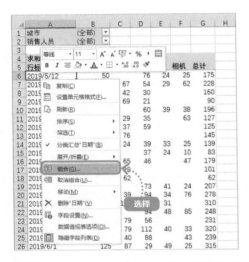

04 弹出【组合】对话框，在【步长】列表框中选择【月】选项，单击【确定】按钮。

05 按月统计数据的数据透视表如下图所示。

	A	B	C	D	E	F	G
1	城市	(全部) ▾					
2	销售人员	(全部) ▾					
3							
4	求和项:销售量	列标签 ▾					
5	行标签 ▾	冰箱	空调	彩电	电脑	相机	总计
6	5月	913	855	1001	343	531	3643
7	6月	2311	2426	2005	441	736	7919
8	7月	1829	2107	1729	168	558	6391
9	总计	5053	5388	4735	952	1825	17953

TIPS

　　此外，还可以根据需要按【周】统计，即在【步长】列表框中选择【日】选项，在【天数】框中输入"7"，即可显示按周统计的数据透视表。

8.4 让领导刮目相看的数据透视报表

　　普通的数据透视表如果不能满足查看的需要，可以进行一些调整，将需要的数据显示在数据透视表中，制作出能让领导刮目相看的数据透视表报表，如下图所示。

01 打开"素材\ch08\制作专业的透视表"文件，打开【数据透视表字段】窗格，将【销售人员】字段拖曳至【筛选】区域，将【商品】拖曳至【列】区域，将【月】拖曳至【行】区

域，将【销售量】拖曳至【值】区域。

02 制作出的数据透视表如下图所示。

03 再次将【销售量】字段拖曳至【值】区域。

04 可以在数据透视表中看到原"求和项：销售量"名称未变，并在其右侧新增列"求和项：销售量2"。

05 将"求和项：销售量"更改为"单月数据"，将"求和项：销售量2"改为"按月累计"。

06 选择"按月累计"列的任意单元格并单击鼠标右键，在弹出的快捷菜单中选择【值显示方式】➜【按某一字段汇总】命令。

07 弹出【值显示方式】对话框，设置【基本字段】为"月"，单击【确定】按钮。

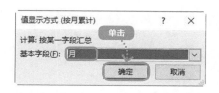

08 将【按月累计】列更改为统计月数据累加之和的效果如下图所示。

09 选择B5:K5单元格区域，按【Ctrl+1】组合键。

10 弹出【设置单元格格式】对话框，在【对齐】选项卡下设置【水平对齐】方式为"跨列居中"，单击【确定】按钮。

11 这样就可以将数据透视表中的行标题居中显示。

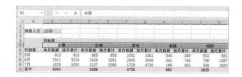

12 如果不需要行总计，可以在行汇总区域的任意单元格上单击鼠标右键，在弹出的快捷菜单中选择【数据透视表选项】命令。

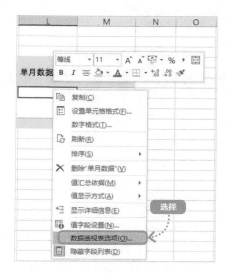

13 弹出【数据透视表选项】对话框，在【汇总和筛选】选项卡下撤销选择【显示行总计】复选框，单击【确定】按钮。

14 这样就可以取消行总计列的显示，效果如下页图所示。

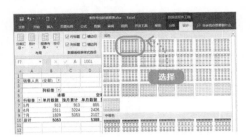

15 选择数据透视表数据区域，在【数据透视表工具-设计】→【数据透视表样式】组中选择一种数据透视表样式。

16 套用样式后的效果如下图所示。

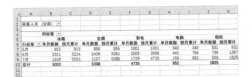

17 取消工作表中的网格线，并适当调整行高，就完成了专业数据透视表的制作，最终效果如下图所示。

8.5 数据透视表之文本型数据统计

我们在创建数据透视表时使用的数据源表中，一般都包含大量重复数据。文本型数据（如销售人员、城市、商品）和数值型数据（如销售量、销售额）等都有大量的重复。这种情况就非常适合使用数据透视表进行统计。如果工作表中的数据都是文本型数据，没有统计求和的空间，那这种工作表能统计什么呢？

8.5.1 了解数据透视表的适用范围

下面先插入一个数据透视表，来看一下这种文本型数据统计的是什么。

01 打开"素材\ch08\员工基本信息表.xlsx"文件，如下图所示，选择数据区域中的任意单元格。

	A	B	C	D	E	F	G
1	姓名	性别	所属部门	职务	职称	文化程度	出生日期
2	孙顺	男	销售部	项目经理	工程师	硕士	1986/2/2
3	李辉	男	销售部	项目经理	工程师	硕士	1979/4/23
4	刘邦	男	总经理办公室	总经理	高级工程师	博士	1963/12/12
5	孟欣然	女	人力资源部	职员	工程师	本科	1988/5/15
6	王玉成	男	财务部	副主任	高级经济师	本科	1978/8/12
7	何欣	女	技术部	项目经理	工程师	本科	1980/11/16
8	刘柳	女	国际贸易部	项目经理	经济师	硕士	1969/4/30
9	李蕾	女	财务部	主任	经济师	本科	1977/5/24
10	毛利民	男	人力资源部	副主任	工程师	硕士	1982/9/16
11	李然	男	技术部	项目经理	工程师	本科	1985/6/28

02 单击【插入】→【表格】组→【数据透视表】按钮，打开【创建数据透视表】对话框，在【选择放置数据透视表的位置】选项区域中选择【现有工作表】单选项，单击【位置】文本框右侧的【折叠】按钮⬆。

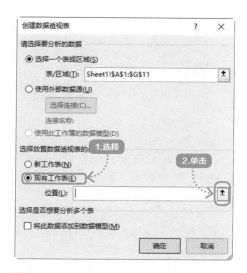

03 选择数据透视表放置的位置，这里选择A15单元格，单击【展开】按钮。

04 返回【创建数据透视表】对话框，单击【确定】按钮。

05 这样就创建了一个空白的数据透视表，并显示【数据透视表字段】窗格。

06 将【性别】字段拖曳至【行】区域，将【姓名】字段拖曳至【值】区域。

07 创建的数据透视表如下图所示，统计性别为"男"的人数是6，性别为"女"的人数是4。

13		
14		
15	**行标签** ▼	计数项:姓名
16	男	6
17	女	4
18	**总计**	**10**
19		

TIPS

　　【值】区域的字段名可随意更换，数据透视表统计的结果不变，有兴趣的读者可进行尝试。双击数据透视表中的"6"，即可看到 6 名性别为"男"的员工的信息。

14		
15	行标签 ▼	计数项:姓名
16	本科	6
17	博士	1
18	硕士	3
19	**总计**	**10**
20		

TIPS

　　在【数据透视表字段】任务窗格中，如果将【行】区域的字段更改为"姓名"，统计结果如下图所示。计数都为"1"，这样的数据透视表就没有意义。

08　另外，还可以将行标签更改为"职务""职称""文化程度"等，创建的数据透视表分别如下图所示。

14		
15	行标签 ▼	计数项:姓名
16	副主任	2
17	项目经理	5
18	职员	1
19	主任	1
20	总经理	1
21	**总计**	**10**

14		
15	行标签 ▼	计数项:姓名
16	何欣	1
17	李辉	1
18	李萌	1
19	李然	1
20	刘邦	1
21	刘柳	1
22	毛利民	1
23	孟欣然	1
24	孙顺	1
25	王玉成	1
26	**总计**	**10**
27		

14		
15	行标签 ▼	计数项:姓名
16	高级工程师	1
17	高级经济师	1
18	工程师	6
19	经济师	2
20	**总计**	**10**

　　对比以上数据透视表，会发现数据透视表特别适合统计重复出现的数据。

8.5.2 应用实战1——按年龄进行分组统计

　　对数据透视表的适用范围有了大致的了解之后，接下来我们来介绍数据透视表在统计文本型数据方面的实际应用。

01　打开"素材\ch08\年龄分段.xlsx"文件，可以看到工作表中包含的员工信息。选择数据区域中的任意单元格，单击【插入】➜【表格】组➜【数据透视表】按钮。

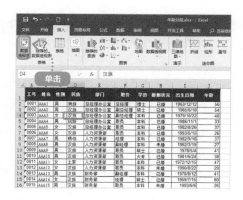

02 弹出【创建数据透视表】对话框，保持默认值不变，单击【确定】按钮。

03 这样就可以创建空白工作表，并显示出空白数据透视表和【数据透视表字段】窗格。

04 将【年龄】字段拖曳至【列】区域，将【部门】字段拖曳至【行】区域，将【姓名】字段拖曳至【值】区域。

05 创建的数据透视表如下图所示。

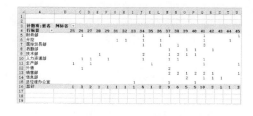

06 接下来对列标签的"年龄"字段中的数据进行分组，选择列标签中的任意一个数据并单击鼠标右键，在弹出的快捷菜单中选择【组合】命令。

07 弹出【组合】对话框，根据需要设置

【起始于】【终止于】中的参数，默认情况下是使用数据源中年龄的最小值和最大值，这里修改【起始于】为"25"，【终止于】为"65"，并设置【步长】为"5"，单击【确定】按钮。

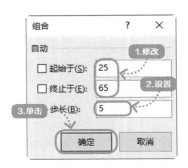

08 创建的数据透视表如下图所示。

8.5.3 应用实战2——按指定顺序排序

在创建数据透视表时，希望部门按照"总经理办公室、人力资源部、财务部、技术部、国际贸易部、生产部、销售部、信息部、后勤部、分控、外借"的顺序排列，但在Excel中直接对汉字排序会按照拼音首字母进行，与要求不一致，要怎么解决？

我们可以将"总经理办公室、人力资源部、财务部、技术部、国际贸易部、生产部、销售部、信息部、后勤部、分控、外借"作为排序依据导入Excel中，然后根据自定义的序列进行排序。

01 打开"素材\ch08\按指定顺序排序.xlsx"文件，首先将自定义的序列导入Excel中。选择【文件】➜【选项】选项，打开【Excel 选项】对话框。

02 单击【高级】➜【常规】➜【编辑自定义列表】按钮。

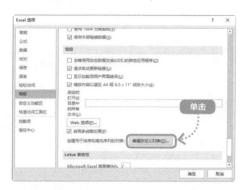

03 弹出【自定义序列】对话框，在【输入序列】对话框中输入要自定义排序的序列"总经理办公室、人力资源部、财务部、技术部、国际贸易部、生产部、销售部、信息部、后勤部、分控、外借"，每个序列名称单独为一行，单击【添加】按钮，将其添加至【自定义序列】区域，单击【确定】按钮。返回【Excel 选项】对话框再次单击【确定】按钮。

> **TIPS**
>
> 如果工作表中有该序列列表，可以单击【导入】按钮，选择包含该序列的单元格区域，即可导入自定义序列。

04 完成自定义序列导入，返回"按指定顺序排序.xlsx"工作簿后，选择"指定排序"工作表，在"部门"列的任意单元格上单击鼠标右键，在弹出的快捷菜单中选择【排序】➜【其他排序选项】命令。

05 弹出【排序（部门）】对话框，单击【其他选项】按钮。

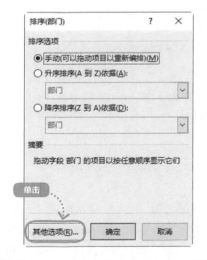

06 弹出【其他排序选项（部门）】对话框，单击【主关键字排序次序】右侧的下拉按钮，在弹出的下拉列表中选择设置的自定义序列，单击【确定】按钮。

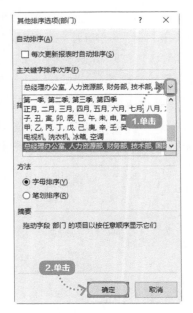

07 返回【排序（部门）】对话框，单击【确定】按钮。

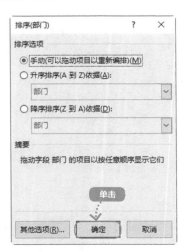

TIPS

此时会发现数据透视表仍然没有按照设置的排序方式排序，这是因为前面的操作仅仅是告诉 Excel 要按照这种方式排序，还需要进行相应操作才能实现排序。

08 再次在"部门"列的任意单元格上单击鼠标右键，在弹出的快捷菜单中选择【排序】➜【升序】命令。

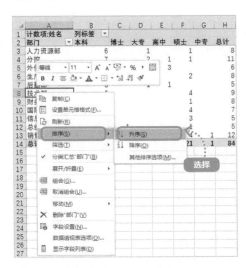

09 按指定顺序对数据透视表排序后的效果如下图所示。

TIPS

在步骤 **08** 中，选择单元格时不能选择整行，选择整行后使用对应的命令无法正常排序。

8.6 统计分析公司各部门的工资情况

工资清单包含了所有员工的工资情况，想在该表中统计出各部门的人数、各部门发放的工资总额、各部门工资占公司总工资的百分比、各部门最高工资、各部门最低工资以及各部门平均工资等情况，可以通过数据透视表实现。

01 打开"素材\ch08\统计工资情况.xlsx"文件，选择数据区域中的任意单元格，单击【插入】→【表格】组→【数据透视表】按钮。

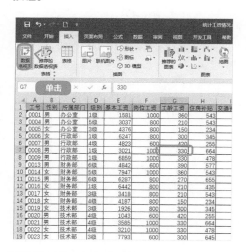

02 弹出【创建数据透视表】对话框，保持默认设置，单击【确定】按钮。

03 在【数据透视表字段】窗格中将【所属部门】拖曳至【行】区域，将【工号】拖曳至【值】区域。

04 统计部门人数后的数据透视表如下图所示。

行标签	计数项:工号
财务部	6
技术部	9
生产部	7
销售部	11
信息部	5
后勤部	5
办公室	3
行政部	4
贸易部	7
总计	57

05 选择B3单元格，将标题修改为"部门人数"，效果如下图所示。

06 在【数据透视表字段】窗格中将【实发合计】字段拖曳至【值】区域。

07 将C列的标题名称改为"部门工资总额"，效果如右上图所示。

08 在【数据透视表字段】窗格中再次将【实发合计】字段拖曳至【值】区域。

09 将D列的标题名称修改为"各部门工资占比"，效果如下图所示。

行标签	部门人数	部门工资总额	各部门工资占比
财务部	6	41282.14	41282.14
技术部	9	53268.52	53268.52
生产部	7	32626.11	32626.11
销售部	11	61226.82	61226.82
信息部	5	30583.6	30583.6
后勤部	5	29464.81	29464.81
办公室	3	14209.02	14209.02
行政部	4	26857.68	26857.68
贸易部	7	45131.05	45131.05
总计	57	334649.75	334649.75

10 在D列数据区域中的任意单元格上单击鼠标右键，在弹出的快捷菜单中选择【值显示方式】➡【列汇总的百分比】命令。

11 可以看到数据透视表显示了各部门工资的占比情况。

12 在【数据透视表字段】窗格中拖曳3次【实发合计】字段至【值】区域。

13 在E列数据区域的任意单元格上单击鼠标右键，在弹出的快捷菜单中选择【值汇总依据】➡【最大值】命令。

14 可以在E列统计出各部门员工工资的最大值。

15 在E3单元格中修改标题名称为"部门最高工资"，效果如下图所示。

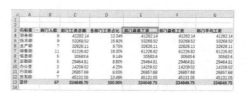

16 在F列数据区域的任意单元格上单击鼠标右键，在弹出的快捷菜单中选择【值汇总依据】➡【最小值】命令。

17 可以在F列统计出各部门员工工资的最小值。

行标签	部门人数	部门工资总额	各部门工资占比	部门最高工资	最小值项:实发合计2	求和项:实发合计3
财务部	6	41282.14	12.34%	9291.4	5046.02	41282.14
技术部	9	53268.52	15.92%	9129	2838.33	53268.52
生产部	7	32626.11	9.75%	6281.76	3790.53	32626.11
销售部	11	61226.82	18.30%	8662.6	2790.81	61226.82
信息部	5	30583.6	9.14%	8453	4653.16	30583.6
后勤部	5	29464.81	8.80%	9107.96	3248.91	29464.81
办公室	3	14209.02	4.25%	5494.82	4031.12	14209.02
行政部	4	26857.68	8.03%	8305.64	5322.02	26857.68
贸务部	7	45131.05	13.49%	7960.52	3435.57	45131.05
总计	57	334649.75	100.00%	9291.4	2790.81	334649.75

18 在F3单元格中修改标题名称为 "部门最低工资"，效果如下图所示。

行标签	部门人数	部门工资总额	各部门工资占比	部门最高工资	部门最低工资	求和项:实发合计3
财务部	6	41282.14	12.34%	9291.4	5046.02	41282.14
技术部	9	53268.52	15.92%	9129	2838.33	53268.52
生产部	7	32626.11	9.75%	6281.76	3790.53	32626.11
销售部	11	61226.82	18.30%	8662.6	2790.81	61226.82
信息部	5	30583.6	9.14%	8453	4653.16	30583.6
后勤部	5	29464.81	8.80%	9107.96	3248.91	29464.81
办公室	3	14209.02	4.25%	5494.82	4031.12	14209.02
行政部	4	26857.68	8.03%	8305.64	5322.02	26857.68
贸务部	7	45131.05	13.49%	7960.52	3435.57	45131.05
总计	57	334649.75	100.00%	9291.4	2790.81	334649.75

19 在G列数据区域的任意单元格上单击鼠标右键，在弹出的快捷菜单中选择【值汇总依据】➙【平均值】命令。

20 可以在G列统计出各部门员工工资的平均值。

行标签	部门人数	部门工资总额	各部门工资占比	部门最高工资	部门最低工资	平均值项:实发合计3
财务部	6	41282.14	12.34%	9291.4	5046.02	6880.356667
技术部	9	53268.52	15.92%	9129	2838.33	5918.724444
生产部	7	32626.11	9.75%	6281.76	3790.53	4660.872857
销售部	11	61226.82	18.30%	8662.6	2790.81	5566.074545
信息部	5	30583.6	9.14%	8453	4653.16	6116.72
后勤部	5	29464.81	8.80%	9107.96	3248.91	5892.962
办公室	3	14209.02	4.25%	5494.82	4031.12	4736.34
行政部	4	26857.68	8.03%	8305.64	5322.02	6714.42
贸务部	7	45131.05	13.49%	7960.52	3435.57	6447.292857
总计	57	334649.75	100.00%	9291.4	2790.81	5871.048246

21 在G3单元格中修改标题名称为"部门平均工资"，并设置G列数据的小数位数为"2"，最终效果如下图所示。至此，统计分析公司各部门工资情况的操作就完成了。

行标签	部门人数	部门工资总额	各部门工资占比	部门最高工资	部门最低工资	部门平均工资
财务部	6	41282.14	12.34%	9291.4	5046.02	6880.36
技术部	9	53268.52	15.92%	9129	2838.33	5918.72
生产部	7	32626.11	9.75%	6281.76	3790.53	4660.87
销售部	11	61226.82	18.30%	8662.6	2790.81	5566.07
信息部	5	30583.6	9.14%	8453	4653.16	6116.72
后勤部	5	29464.81	8.80%	9107.96	3248.91	5892.96
办公室	3	14209.02	4.25%	5494.82	4031.12	4736.34
行政部	4	26857.68	8.03%	8305.64	5322.02	6714.42
贸务部	7	45131.05	13.49%	7960.52	3435.57	6447.29
总计	57	334649.75	100.00%	9291.4	2790.81	5872.05

8.7 创建动态透视表

创建数据透视表后，如果在数据源表中修改数据，透视表不会自动变化，需要用户手动刷新数据。如果在数据源表中添加或删除数据，则需要更改数据源。打开"动态透视表.xlsx"文件，在"Sheet1"工作表就可以看到已创建的普通透视表。

此时，在"源数据"工作表中增加一行新的数据。

	A	B	C	D	E	F
601	2019/7/21	房六六	北京	冰箱	45	58000
602	2019/7/22	冯五五	南京	空调	37	78000
603	2019/7/22	郝七七	合肥	冰箱	75	150000
604	2019/7/21	曹一一	天津	空调	46	87600
605	2019/7/22	周三三	武汉	空调	30	70000
606	2019/7/22	房六六	沈阳	空调	58	106400
607	2019/7/23	郝七七	贵阳	彩电	61	62100
608	2019/7/23	房六六	天津	彩电	48	55200
609	2019/7/27	金老师	郑州	空调	37	103600
610						

返回"Sheet1"工作表刷新透视表数据，透视表不会发生变化，需要单击【数据透视表工具–分析】➔【数据】组➔【更改数据源】➔【更改数据源】按钮并重新选择数据源。

	A	B	C	D	E	F	G
592	2019/7/20	刘二二	贵阳	相机	11	40590	

更改数据透视表数据源 ? ×
请选择要分析的数据
● 选择一个表或区域(S)
表/区域(T): 源数据!$A$1:$F$609
○ 使用外部数据源(U)
选择连接(C)...
连接名称:
确定 取消

607	2019/7/23	郝七七	贵阳	彩电	61	62100	
608	2019/7/23	房六六	天津	彩电	48	55200	
609	2019/7/27	金老师	郑州	空调	37	103600	

再次刷新数据才能实现数据透视表的更新。

	A	B	C	D	E	F	G
3	求和项:销售量	商品					
4	行标签	冰箱	空调	彩电	电脑	相机	总计
5	曹一一		488	398	266	85	61	1298
6	房六六		842	924	756	224	326	3072
7	冯五五		876	781	1095	193	507	3452
8	郝七七		848	656	984	55	217	2760
9	刘二二		547	713	379	77	152	1868
10	王四四		383	568	185	49	48	1233
11	周三三		1069	1348	1070	269	514	4270
12	金老师			37				37
13	总计		5053	5425	4735	952	1825	17990

这样的操作实际上效率是比较低的，那么怎样才能自动选择数据源，创建动态透视表呢？下面就来介绍具体的操作方法。

01 删除"动态透视表.xlsx"素材文件中新增的一行数据，在"源数据"工作表中选择数据区域的任意单元格，单击【插入】➔【表格】组➔【表格】按钮。

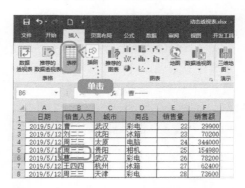

02 弹出【创建表】对话框，单击【确定】按钮，即可将当前表格转换为超级表（Excel中套用了表格格式的表称为超级表；反之，则为普通区域。超级表具有便捷、灵活、高效的特点）状态。

03 此时，超级表区域的右下角有一个箭头形状，拖曳该箭头可以改变表格区域。

04 选择超级表中的任意单元格，单击【表格工具–设计】➔【工具】组➔【通过数据透视表汇总】按钮。

05 弹出【创建数据透视表】对话框，此时可以看到【表/区域】中显示为"表1"，即当前创建的超级表。单击【确定】按钮。

06 在【数据透视表字段】窗格中将【商品】字段拖曳至【列】区域，将【销售人员】字段拖曳至【行】区域，将【销售量】字段拖曳至【值】区域。

07 完成数据透视表的创建，如下图所示。

08 选择"源数据"工作表，在第609行和第610行输入数据，如下图所示，可以看到新输入的数据自动被"表1"的格式覆盖，并且"表1"右下角的箭头形状自动显示在F610单元格的右下角。

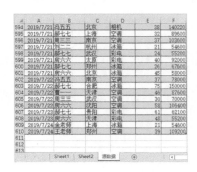

TIPS

在超级表中输入数据时，可以选择数据区域的最后一个单元格，按【Tab】键，即可自动选择下一行的第 1 个单元格。

09 选择"Sheet2"工作表，在创建的数据透视表中单击鼠标右键，在弹出的快捷菜单中选择【刷新】命令。

10 可以看到新增的数据被纳入数据透视表的统计结果中，如下图所示。至此，创建动态透视表的操作就完成了。

	A	B	C	D	E	F	G
1							
2							
3	求和项:销售量	列标签					
4	行标签	冰箱	空调	彩电	电脑	相机	总计
5	曹一一		488	398	266	85	61	1298
6	房六六		842	924	756	224	326	3072
7	冯五五		876	781	1095	193	507	3452
8	郝七七		848	656	984	55	217	2760
9	刘二二		547	713	379	77	152	1868
10	王四四		383	568	185	49	48	1233
11	周三三		1069	1348	1070	269	514	4270
12	金老师		21					21
13	王老师			39				39
14	总计		5074	5427	4735	952	1825	18013

TIPS

拖曳超级表右下角的箭头，可以改变数据源的范围，也可以增加新列，最后只需要刷新数据透视表即可更新数据。

本章回顾

本章主要介绍了数据透视表的制作。数据透视表制作起来比较简单，但提炼数据，满足不同人员查看数据的要求，才是使用数据透视表的重中之重。通过本章的学习，相信你在提炼数据方面会有所提高。

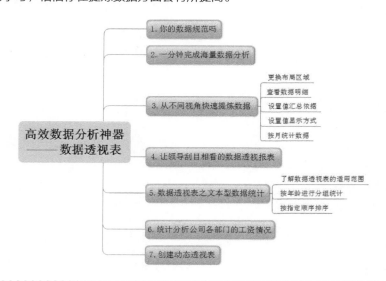

作者寄语

• 数据透视表的重要性

使用函数统计数据的优点是灵活多变，缺点是函数较为复杂，使用起来有一定难度。

在格式统一、数据量大且数据规范的情况下，使用数据透视表统计数据，比使用函数简单得多，并且只需要用鼠标拖曳就可以调整数据透视表的布局。

这也就要求我们在整理数据时注意数据的规范。数据的规范性是使用数据透视表处理和分析数据的前提！

数据规范性的要求有以下几点。

（1）数据区域的第1行为列标题。

（2）列标题不能重名。

（3）数据区域中不能有空行和空列。

（4）数据区域中不能有合并单元格。

（5）每列数据为同一种类型的数据。

（6）单元格的数据前后不能有空格或其他打印字符。

当然，如果数据源表会不断变化，还是最好能先把数据源表转换成超级表，这样制作出的数据透视表修改起来更容易。

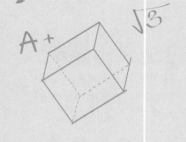

第 9 章

真实案例

学以致用是学习的最终目的，本章精选实际工作中的 3 个真实案例进行详细的介绍，以巩固前面学习的内容。

9.1 进销存案例——简易进销存表

本节使用Excel表格来表现商品核算中的入库、出库与结余情况，通过公式在不同表间相互调用数据，可以自动获取商品的结余信息，而且只要输入商品的供应商信息和出售商品的产品信息，还能得到商品的总供货量和消耗总量信息，最终形成一套简单又实用的进销存模板。

9.1.1 案例概述

企业的采购、进货、销售及库存统计等环节紧紧相扣，中间的任何拖延与错误都会造成企业效率的降低，如依靠人工盘点仓库，不仅费力、费时，还容易出错，在很大程度上影响了仓库的管理效率。

进销存系统在企业管理中占据着至关重要的地位，它是成本核算的基础。合理的进销存系统可以解决各环节数据交互不及时的问题，避免多次录入数据的烦琐操作，还能够帮助企业及时核算、管理产品。

大多数中小型企业更适合使用自己开发、编制的进销存系统，这样一方面操作便捷，另一方面可以随时整理和完善，不断添加新的项目。

使用Excel制作进销存表，最大的好处在于既能充分地了解进货、销售及存储的全过程，又能提高工作效率。

9.1.2 制作入库表

打开素材文件"简易进销存计算表.xlsx"，可以看到工作簿中包含5张工作表。其中"商品代码"工作表中是固定的商品基本信息，如下左图所示，"供货商代码"工作表中则是供货商的基本信息，如下右图所示。

下面介绍制作入库表的方法，主要包括使用IFNA函数和VLOOKUP函数调用"供货商名称""商品名称""规格""计量单位"等，以及进行设置数据有效性等操作，具体操作步骤如下。

01 在打开的素材文件中切换到"入库表"工作表，可以看到表中已输入"入库单号码"和"供货商编号"等数据。

02 选择C2单元格，输入公式"=IFNA(VLOOKUP(B2,供货商代码!A:B,2,0),"")"，按【Enter】键即可根据供货商编号显示出供货商名称。

TIPS

IFNA 函数的作用：如果公式返回错误值 #N/A，则结果返回指定的值；否则返回公式的结果。

IFNA 函数的语法结构：

IFNA(value,value_if_na)

IFNA 函数的参数说明：

第 1 个参数用于检查错误值 #N/A ；

第 2 个参数表示公式计算结果为错误值 #N/A 时要返回的值。

03 将鼠标指针放在C2单元格右下角的填充柄上，向下拖曳填充柄至C15单元格，得出所有的供货商名称。

04 选择D2:D15单元格区域，输入入库日期。选择F2:F15单元格区域，输入商品代码。

05 选择E2:E15单元格区域，单击【数据】➜【数据工具】组➜【数据验证】按钮，打开【数据验证】对话框。在【设置】选项卡的【允许】下拉列表中选择"序列"，在【来源】文本框中输入"有,无"，单击【确定】按钮。

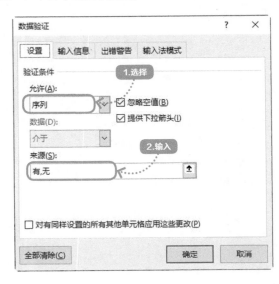

06 选择E2单元格，单击其右侧的下拉按钮，在弹出的下拉列表中选择"有"或"无"。用同样的方法为所有订单添加"有无发票"信息。

	A	B	C	D	E	F
1	入库单号码	供货商编号	供货商名称	入库日期	有无发票	商品代码
2	04-001	GYS-101	海南鹏程水果销售有限公司	2019/7/12	有	SHP-001
3	04-002	GYS-102	河北晋州水果销售公司	2019/7/13	无	SHP-002
4	04-003	GYS-115	河南广达水果销售公司	2019/7/24	有	SHP-006
5	04-004	GYS-103	江西安远水果销售公司	2019/7/14	无	SHP-003
6	04-005	GYS-104	山东烟台水果销售公司	2019/7/15	有	SHP-008
7	04-006	GYS-105	陕西白水蔬果销售公司	2019/7/16	有	SHP-012
8	04-007	GYS-105	陕西白水蔬果销售公司	2019/7/21	有	SHP-010
9	04-008	GYS-106	广东潮州水果销售公司	2019/7/25	有	SHP-004
10	04-009	GYS-106	广东潮州水果销售公司	2019/7/17	有	SHP-007
11	04-010	GYS-107	海南万里水果销售公司	2019/7/18	有	SHP-005
12	04-011	GYS-114	广西白沙水果销售公司	2019/7/22	有	SHP-014
13	04-012	GYS-108	广东梅县水果销售公司	2019/7/19	有	SHP-004
14	04-013	GYS-108	广东梅县水果销售公司	2019/7/23	有	SHP-008
15	04-014	GYS-111	湖南怀化蔬果销售公司	2019/7/20	有	SHP-009
16					有	
17					无	

07 选择G2单元格，输入公式"=IFNA(VLOOKUP($F2,商品代码!$A:$D, COLUMN(B1),0)&"","")"，按【Enter】键即可根据商品代码显示出商品名称。

fx =IFNA(VLOOKUP($F2,商品代码!$A:$D, COLUMN(B1),0)&"","")

	A	B	C	D	E	F	G
1	入库单号码	供货商编号	供货商名称	入库日期	有无发票	商品代码	商品名称
2	04-001	GYS-101	海南鹏程水果销售有限公司	2019/7/12			海南火龙果
3	04-002	GYS-102	河北晋州水果销售公司	2019/7/13	无	SHP-002	
4	04-003	GYS-115	河南广达水果销售公司	2019/7/24	无	SHP-006	
5	04-004	GYS-103	江西安远水果销售公司	2019/7/14	无	SHP-003	
6	04-005	GYS-104	山东烟台水果销售公司	2019/7/15	无	SHP-008	
7	04-006	GYS-105	陕西白水蔬果销售公司	2019/7/16		SHP-012	
8	04-007	GYS-105	陕西白水蔬果销售公司	2019/7/21		SHP-010	
9	04-008	GYS-106	广东潮州水果销售公司	2019/7/25		SHP-004	
10	04-009	GYS-106	广东潮州水果销售公司	2019/7/17		SHP-007	
11	04-010	GYS-107	海南万里水果销售公司	2019/7/18		SHP-005	
12	04-011	GYS-114	广西白沙水果销售公司	2019/7/22		SHP-014	
13	04-012	GYS-108	广东梅县水果销售公司	2019/7/19		SHP-004	
14	04-013	GYS-108	广东梅县水果销售公司	2019/7/23		SHP-008	
15	04-014	GYS-111	湖南怀化蔬果销售公司	2019/7/20		SHP-009	
16							

08 双击G2单元格右下角的填充柄，填充至G15单元格，显示出所有的商品名称。

	A	B	C	D	E	F	G
1	入库单号码	供货商编号	供货商名称	入库日期	有无发票	商品代码	商品名称
2	04-001	GYS-101	海南鹏程水果销售有限公司	2019/7/12	有	SHP-001	海南火龙果
3	04-002	GYS-102	河北晋州水果销售公司	2019/7/13	无	SHP-002	水晶红富士
4	04-003	GYS-115	河南广达水果销售公司	2019/7/24	有	SHP-006	进口榴莲
5	04-004	GYS-103	江西安远水果销售公司	2019/7/14	有	SHP-003	进口奇异果
6	04-005	GYS-104	山东烟台水果销售公司	2019/7/15	有	SHP-008	优质红秦冠苹果
7	04-006	GYS-105	陕西白水蔬果销售公司	2019/7/16	有	SHP-012	青橄榄
8	04-007	GYS-105	陕西白水蔬果销售公司	2019/7/21	有	SHP-010	特级脐橙
9	04-008	GYS-106	广东潮州水果销售公司	2019/7/25	有	SHP-004	国产优质木瓜
10	04-009	GYS-106	广东潮州水果销售公司	2019/7/17	有	SHP-007	进口西柚
11	04-010	GYS-107	海南万里水果销售公司	2019/7/18	有	SHP-005	进口柠檬
12	04-011	GYS-114	广西白沙水果销售公司	2019/7/22	有	SHP-014	车厘子
13	04-012	GYS-108	广东梅县水果销售公司	2019/7/19	有	SHP-004	国产优质木瓜
14	04-013	GYS-108	广东梅县水果销售公司	2019/7/23	有	SHP-008	优质红秦冠苹果
15	04-014	GYS-111	湖南怀化蔬果销售公司	2019/7/20	有	SHP-009	水晶嘎啦果

09 选择G2:G15单元格区域，向右填充至I列，即可计算出商品的规格和计量单位。

10 在J2:J15和K2:K15单元格区域分别输入数量和单价信息。

11 选择L2单元格，输入公式"=J2*K2"，按【Enter】键计算出总金额，填充至L15单元格，计算出每种入库商品的总金额。至此，入库表的制作就完成了。

	A	B	C	D	E	F	G	H	I	J	K	L
1	入库单号码	供货商编号	供货商名称	入库日期	有无发票	商品代码	商品名称	规格	计量单位	数量	单价	金额
2	04-001	GYS-101	海南鹏程水果销售有限公司	2019/7/12	有	SHP-001	海南火龙果	10	个/箱	82	120	9,840
3	04-002	GYS-102	河北晋州水果销售公司	2019/7/13	无	SHP-002	水晶红富士	20	个/箱	121	115	13,915
4	04-003	GYS-115	河南广达水果销售公司	2019/7/24	有	SHP-006	进口榴莲	2	个/箱	100	160	16,000
5	04-004	GYS-103	江西安远水果销售公司	2019/7/14	无	SHP-003	进口奇异果	5	公斤/箱	98	150	14,700
6	04-005	GYS-104	山东烟台水果销售公司	2019/7/15	有	SHP-008	优质红蒯冠苹果	10	公斤/箱	37	140	5,180
7	04-006	GYS-105	陕西白水蔬果销售公司	2019/7/16	有	SHP-012	青橄榄	5	公斤/箱	21	220	4,620
8	04-007	GYS-105	陕西白水蔬果销售公司	2019/7/21	有	SHP-010	特级脐橙	20	个/箱	59	80	4,720
9	04-008	GYS-106	广东潮州水果销售公司	2019/7/25	有	SHP-004	国产优质木瓜	6	个/箱	19	240	4,560
10	04-009	GYS-106	广东潮州水果销售公司	2019/7/17	有	SHP-007	进口西柚	5	公斤/箱	68	130	8,840
11	04-010	GYS-107	海南万里水果销售公司	2019/7/18	有	SHP-005	进口柠檬	2.5	公斤/箱	60	210	12,600
12	04-011	GYS-114	广西白沙水果销售公司	2019/7/22	有	SHP-014	车厘子	5	公斤/箱	14	260	3,640
13	04-012	GYS-108	广东梅县水果销售公司	2019/7/19	无	SHP-004	国产优质木瓜	6	个/箱	97	240	23,280
14	04-013	GYS-108	广东梅县水果销售公司	2019/7/23	有	SHP-008	优质红蒯冠苹果	10	公斤/箱	82	180	14,760
15	04-014	GYS-111	湖南怀化蔬果销售公司	2019/7/20	有	SHP-009	水晶嗯啦来	2	公斤/箱	96	160	15,360

商品代码　供货商代码　入库表　出库表　库存核算表

9.1.3　制作出库表

出库表包含出库单号码、出库时间、商品代码、商品名称、规格、计量单位及数量等信息，制作出库表的具体操作步骤如下。

01 在打开的素材文件中切换到"出库表"工作表，可以看到表中已输入了出库单号码、出库时间和商品代码等数据。

	A	B	C	D	E	F	G
1	出库单号码	出库时间	商品代码	商品名称	规格	计量单位	数量
2	04-001	2019/8/9	SHP-001				
3	04-002	2019/8/10	SHP-008				
4	04-003	2019/8/11	SHP-002				
5	04-004	2019/8/12	SHP-003				
6	04-005	2019/8/13	SHP-009				
7	04-006	2019/8/14	SHP-007				
8	04-007	2019/8/15	SHP-004				
9	04-008	2019/8/16	SHP-005				
10	04-009	2019/8/17	SHP-006				

商品代码　供货商代码　入库表　**出库表**　库存核算表

02 选择D2单元格，输入公式"=IFNA(VLOOKUP($C2,商品代码!$A:$D, COLUMN(B1), 0)&"","")"，按【Enter】键即可根据商品代码显示出商品名称。

03 将鼠标指针放在D2单元格右下角的填充柄上，向下拖曳填充柄至D10单元格，得出所有的商品名称。

04 选择E2单元格，输入公式"=IFNA(VLOOKUP($C2,商品代码!$A:$D,COLUMN(C1), 0)&"","")"，按【Enter】键即可显示出商品规格，双击E2单元格右下角的填充柄，完成填充。

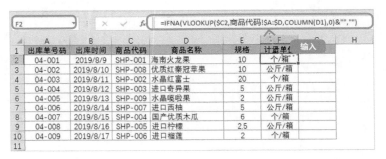

05 首先选择F2单元格，然后输入公式"=IFNA(VLOOKUP($C2,商品代码)!$A:$D, COLUMN (D1),0)&"","")"，按【Enter】键即可显示出商品计量单位，双击F2单元格右下角的填充柄，完成填充。

06 在G2:G10单元格区域输入"数量"，完成出库表的制作。

	A	B	C	D	E	F	G
1	出库单号码	出库时间	商品代码	商品名称	规格	计量单位	数量
2	04-001	2019/8/9	SHP-001	海南火龙果	10	个/箱	50
3	04-002	2019/8/10	SHP-008	优质红秦冠苹果	10	公斤/箱	37
4	04-003	2019/8/11	SHP-002	水晶红富士	20	个/箱	29
5	04-004	2019/8/12	SHP-003	进口奇异果	5	公斤/箱	42
6	04-005	2019/8/13	SHP-009	水晶嘎啦果	2	公斤/箱	60
7	04-006	2019/8/14	SHP-007	进口西柚	5	公斤/箱	41
8	04-007	2019/8/15	SHP-004	国产优质木瓜	6	个/箱	39
9	04-008	2019/8/16	SHP-005	进口柠檬	2.5	公斤/箱	28
10	04-009	2019/8/17	SHP-006	进口榴莲	2	个/箱	48
11							

◀ … 入库表 出库表 库存核算表 ⊕

9.1.4 制作库存核算表

根据入库表和出库表可以创建库存核算表，库存核算表由期初库存、本期入库、本期出库和期末库存等信息组成，制作库存核算表的具体操作步骤如下。

01 在打开的素材文件中切换到"库存核算表"工作表，可以看到表中已输入了商品代码数据，可以根据该数据进行制作。

02 首先选择B3单元格，然后输入公式"=IFNA(VLOOKUP($A3,商品代码!$A:$D, COLUMN(B3),0),"")"，按【Enter】键即可根据商品代码显示出商品名称。

03 选择C3单元格，输入公式"=IFNA(VLOOKUP($A3,商品代码!$A:$D, COLUMN(C3),0),"")"，按【Enter】键即可根据商品代码显示出商品规格。

04 选择D3单元格，输入公式"=IFNA(VLOOKUP($A3,商品代码!$A:$D, COLUMN(D3),0),""))"，按【Enter】键即可根据商品代码显示出商品的计量单位。

05 选择B3:D3单元格区域，并向下拖曳右下角的填充柄完成填充，即可得出每种商品的商品名称、规格和计量单位。

	A	B	C	D	E	F	G	H
1	商品代码	商品名称	规格	计量	期初库存		本期入库	
2				单位	数量	金额	数量	金额
3	SHP-001	海南火龙果	10	个/箱				
4	SHP-002	水晶红富士	20	个/箱				
5	SHP-003	进口奇异果	5	公斤/箱				
6	SHP-004	国产优质木瓜	6	个/箱				
7	SHP-005	进口柠檬	2.5	公斤/箱				
8	SHP-006	进口榴莲	2	个/箱				
9	SHP-007	进口西柚	5	公斤/箱				
10	SHP-008	优质红秦冠苹果	10	公斤/箱				
11	SHP-009	水晶嘎啦果	2	公斤/箱				

公式栏：=IFNA(VLOOKUP($A3,商品代码!$A:$D,COLUMN(B3),0),"")

06 在E3:F11单元格区域中分别输入期初库存的数量和金额信息。

	A	B	C	D	E	F
1	商品代码	商品名称	规格	计量	期初库存	
2				单位	数量	金额
3	SHP-001	海南火龙果	10	个/箱	20	2,400
4	SHP-002	水晶红富士	20	个/箱	15	1,725
5	SHP-003	进口奇异果	5	公斤/箱	33	4,950
6	SHP-004	国产优质木瓜	6	个/箱	24	4,160
7	SHP-005	进口柠檬	2.5	公斤/箱	27	5,670
8	SHP-006	进口榴莲	2	个/箱	19	5,320
9	SHP-007	进口西柚	5	公斤/箱	22	2,860
10	SHP-008	优质红秦冠苹果	10	公斤/箱	40	7,200
11	SHP-009	水晶嘎啦果	2	公斤/箱	28	4,480

07 选择G3单元格，输入公式"=SUMIFS(入库表!$J:$J,入库表!$F:$F,$A3)"，按【Enter】键即可根据商品代码计算出本期入库数量。

	A	B	C	D	E	F	G	H
1	商品代码	商品名称	规格	计量	期初库存		入库	
2				单位	数量	金额	数量	金额
3	SHP-001	海南火龙果	10	个/箱	20	2,400	82	
4	SHP-002	水晶红富士	20	个/箱	15	1,725		
5	SHP-003	进口奇异果	5	公斤/箱	33	4,950		
6	SHP-004	国产优质木瓜	6	个/箱	24	4,160		
7	SHP-005	进口柠檬	2.5	公斤/箱	27	5,670		
8	SHP-006	进口榴莲	2	个/箱	19	5,320		
9	SHP-007	进口西柚	5	公斤/箱	22	2,860		
10	SHP-008	优质红秦冠苹果	10	公斤/箱	40	7,200		
11	SHP-009	水晶嘎啦果	2	公斤/箱	28	4,480		

公式栏：=SUMIFS(入库表!$J:$J,入库表!$F:$F,$A3)

08 选择H3单元格，输入公式"=SUMIFS(入库表!$L:$L,入库表!$F:$F,$A3)"，按【Enter】键即可根据商品代码显示出本期入库金额。

09 选择I3单元格，输入公式"=SUMIFS(出库表!$G:$G,出库表!$C:$C,$A3)"，按【Enter】键即可计算出本期出库数量。

10 选择J3单元格，输入公式"=(F3+H3)/(G3+E3)*I3"，按【Enter】键即可计算出本期出库金额。

11 选择K3单元格，输入公式"=E3+G3−I3"，按【Enter】键即可计算出商品的期末库存数量。

12 选择L3单元格，输入公式"=F3+H3−J3"，按【Enter】键即可计算出商品的期末库存金额。

13 选择G3:L3单元格区域，向下拖曳右下角的填充柄至G11:L11单元格区域，完成填充，库存核算表的制作就完成了，最终效果如下图所示。

9.2 销售案例——销售业绩预测表

本节主要通过制作销售业绩预测表介绍TREND函数、FORECAST函数及趋势方程的使用方法。

9.2.1 案例概述

企业经营者在决策过程中往往需要依据本期数据预测下期数据，以便对生产、销售进行合理调整，避免资源浪费，从而节约成本。如何估算出误差较小的下期数据便成为一个难题。

本案例将利用TREND函数、FORECAST函数及趋势方程等3种方法预测12月的销售业绩。

9.2.2 绘制历史销量数据折线图

折线图可以显示随时间变化的连续数据，适用于表现在相同时间间隔下数据的发展趋势。因此，可以使用折线图展示历史销售数据，具体操作步骤如下。

01 打开"素材\ch09\销售业绩预测表.xlsx"文件，选择A2:B14单元格区域，单击【插入】→【图表】组→【插入折线图或面积图】按钮，在弹出的下拉列表中选择【折线图】选项。

02 完成折线图的插入，调整折线图图表的位置和大小。

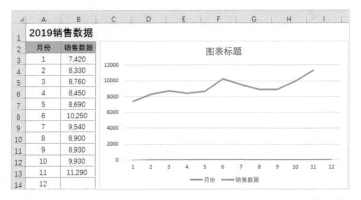

03 将图表标题修改为"销售预测分析"，并根据需要设置图表标题的字体样式。

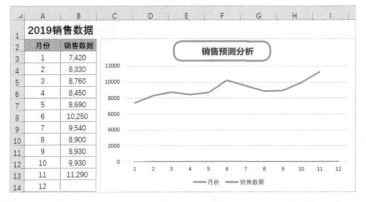

04 在折线系列上单击鼠标右键，在弹出的快捷菜单中选择【设置数据系列格式】命令。

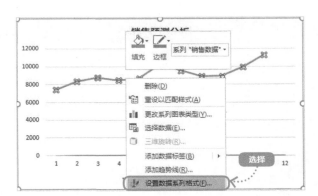

05 弹出【设置数据系列格式】窗格，选择【系列选项】➔【填充与线条】➔【线条】➔
【实线】单选项，设置【颜色】为"蓝色"，【宽度】为"3磅"。

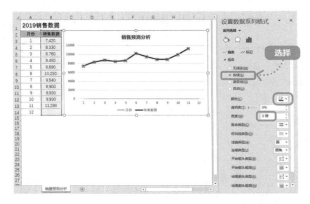

06 单击【标记】选项卡，选择【标记选项】➔【内置】单选项，设置【类型】为"▲"，
【大小】为"6"，并在【填充】下设置【颜色】为"红色"。

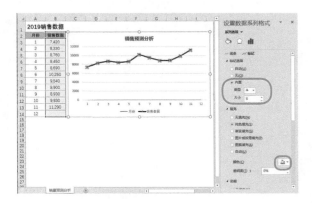

07 选择垂直(值)轴，在【设置坐标轴格式】窗格中单击【坐标轴选项】➔【坐标轴选
项】，在【边界】区域下方"最小值"右侧的文本框中输入"7000.0"。

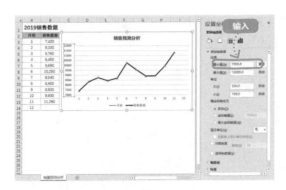

08 单击【图表工具 – 设计】➔【图表布局】➔【添加图表元素】➔【图例】➔【顶部】选项，将图例显示在图表上方。完成图表的制作，效果如下图所示。

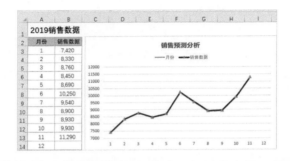

9.2.3　添加趋势线及趋势方程

制作好销量历史数据折线图后，可以在折线图中添加趋势线和趋势方程，具体操作步骤如下。

01 选择折线图例，单击【图表工具 – 设计】➔【图表布局】➔【添加图表元素】➔【趋势线】➔【线性】选项。

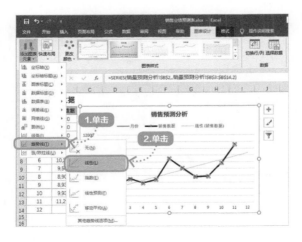

02 选择插入的趋势线，在【设置趋势线格式】窗格中，选择【填充与线条】→【线条】→【实线】单选项。设置【颜色】为"浅蓝"，设置【短划线类型】为实线。

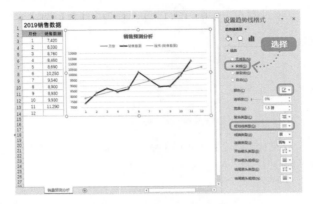

03 单击【趋势线选项】→【趋势线选项】，向下拖动右侧的滚动条，选择【显示公式】复选框，效果如下图所示。关闭【设置趋势线格式】窗格。

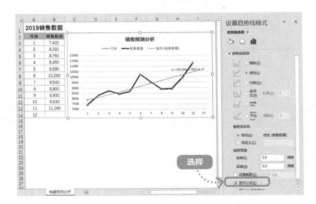

04 折线图中添加了线性趋势线和趋势方程表达式"y=254.64x+7607.6"，选择该公式并将其拖曳至合适的位置，效果如下图所示。

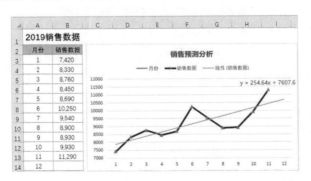

9.2.4　预测销量

最后分别利用TREND函数、FORECAST函数及线性趋势方程，对12月的销售数据进行简单的预测，具体操作步骤如下。

01 在A16单元格中输入"函数法"，在 B17单元格中输入"预测方法一：使用TREND函数"。选择F17单元格，输入公式"=TREND(B3:B13,A3:A13,12)"，按【Enter】键确认。

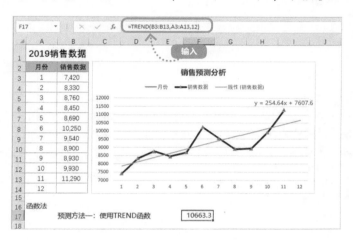

TREND 函数的作用：返回线性趋势值，可以返回一条线性回归拟合线的值，即找到适合已知数组 y 轴和 x 轴的直线（用最小二乘法），并返回指定数组 new_x's 在直线上对应的 y 值。

TREND 函数的语法结构：

TREND(known_y's,known_x's,new_x's,[const])

TREND 函数的参数说明：

第 1 个参数表示已知关系 $y=mx+b$ 中的 y 值集合；

第 2 个参数表示已知关系 $y=mx+b$ 中可选的 x 值的集合；

第 3 个参数表示需要 TREND 函数返回对应 y 值的新 x 值；

第 4 个参数表示逻辑值，指明是否将常量 b 强制为 0。

02 在B18单元格中输入"预测方法二：使用FORECAST函数"。在F18单元格中输入公式"=FORECAST(12,B3:B13,A3:A13)"，按【Enter】键确认。

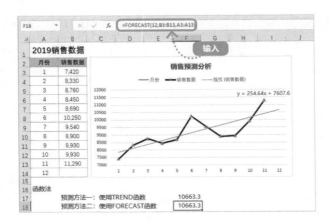

　　FORECAST函数的作用：根据现有值计算或预测未来值，预测值为给定x值后求得的y值，已知值为现有的x值和y值，并通过线性回归来预测新值；可以使用该函数来预测未来销量、库存需求或消费趋势等。

FORECAST函数的语法结构：

FORECAST(x,known_y's,known_x's)

FORECAST函数的参数说明：

第1个参数为需要进行值预测的数据点；

第2个参数和第3个参数分别对应已知的y值和x值。

03 在A20单元格中输入"线性法"。在B21单元格中输入"使用线性趋势方程预测12月销量"。选择B22单元格，输入公式"y=254.64*x+7607.6"。

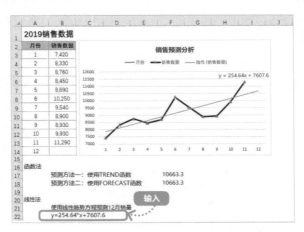

04 在E22单元格中输入"y(12月销量)="，选择F22单元格，输入公式"=254.64*12+7607.6"，按【Enter】键确认。至此，就完成了销售业绩预测表的制作，效果如下页图所示。

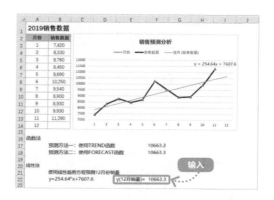

9.3 文秘案例——人事信息数据表

本案例通过制作人事信息表，为读者介绍数据有效性、TEXT函数、MID函数、DATEDIF函数及打印设置等内容。

9.3.1 案例概述

由于某些企业内部人员较多且流动性大，因而人力资源部应及时做好人事信息数据的整理、汇总、分析等工作，并且这些数据常常也是企业做各项决策的参考和依据，因此做好人事信息数据的整理工作意义重大。

人事信息数据表包括姓名、性别、年龄、身份证号码（或社会保障号码）、学历、职务、联系电话和居住地址等信息。

9.3.2 利用数据有效性防止输入错误数据

在实际工作中，如果员工人数众多，在输入工号时很可能会重复输入同一员工的工号，这时可以利用数据验证来避免工号的重复输入，具体操作步骤如下。

01 打开"素材\ch09\人事信息数据表.xlsx"文件，选择B3:B15单元格区域，单击【数据】➜【数据工具】组➜【数据验证】按钮，如下图所示。

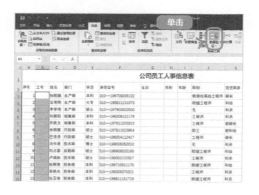

02 弹出【数据验证】对话框，单击【设置】选项卡，在【允许】下拉列表中选择"自定义"，然后在【公式】文本框中输入"=COUNTIF(B:B,B3)=1"。

> **TIPS**
>
> COUNTIF 函数的作用：求满足给定条件的数据个数。
>
> COUNTIF 函数的语法结构：
>
> COUNTIF(range,criteria)
>
> COUNTIF 函数的参数说明：
>
> range 为需要计算其中满足条件的单元格数目的单元格区域，空值和文本值将被忽略；
>
> criteria 为确定哪些单元格将被计算在内的条件，其形式可以是数值、文本或表达式，例如，条件可以表示为 32、">32"、B4、"apples" 或 "32"。

03 切换到【输入信息】选项卡，默认选择【选定单元格时显示输入信息】复选框，然后在【标题】文本框中输入"请输入工号"，在【输入信息】文本框中输入"请为每位员工分配唯一工号！"。

04 切换到【出错警告】选项卡，默认选择【输入无效数据时显示出错警告】复选框，【样式】保留默认的"停止"。在【标题】文本框中输入"输入的工号有重复"，在【错误信息】文本框中输入"工号值有重复数据，请重新输入！"。单击【确定】按钮。

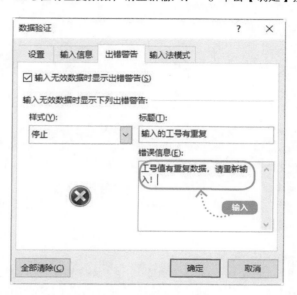

05 选择B3:B15区域的任意单元格时，会出现提示信息。

06 若工号输入重复，系统会自动弹出提示对话框，提示重新输入工号。

07 在B3:B15单元格区域的各单元格中分别输入员工工号，效果如下图所示。

序号	工号	姓名	部门	学历	身份证号	生日	性别	年龄	职称	担任职务	联系电话	居住地址
									公司员工人事信息表			
1	1127	张明鹏	生产部	本科	310…196709206132				数控铣高级工程师	组长	13812…678	上海市某区某路1号
2	1185	王明明	生产部	大专	310…195811131073				助理工程师	科级	13812…679	上海市某区某路2号
3	1124	李学硕	生产部	硕士	310…197903032000				无	科员	13812…680	上海市某区某路3号
4	1224	刘朝阳	销售部	本科	310…196209121179				工程师	科员	13812…681	上海市某区某路4号
5	1220	齐跃文	销售部	本科	310…197011220313				工程师	副科长	13812…682	上海市某区某路5号
6	1357	张雨康	行政部	硕士	310…197811013954				助工	副科级	13812…683	上海市某区某路6号
7	1386	巴清浩	行政部	硕士	310…198204112417				工程师	部长	13812…684	上海市某区某路8号
8	1425	冯中原	技术部	博士	310…198006262010				无	科员	13812…685	上海市某区某路8号
9	1456	刘占喜	后勤部	硕士	310…196908033168				助理工程师	科员	13812…686	上海市某区某路9号
10	1421	卢瑞刚	技术部	硕士	310…196302122327				工程师	科员	13812…687	上海市某区某路10号
11	1022	张赫某	财务部	本科	310…196710011170				助理工程师	科员	13812…688	上海市某区某路11号
12	1092	吴棣杰	财务部	本科	310…198305070321				工程师	科员	13812…689	上海市某区某路12号
13	1025	张玉培	财务部	本科	310…196811151719				助理工程师	科员	13812…690	上海市某区某路13号

9.3.3　从身份证号码中提取生日、性别等有效信息

　　在人事信息数据表中已经输入了员工的身份证号码，利用相关函数可从身份证号码中提取员工的生日、性别等有效信息，具体的操作步骤如下。

TIPS

　　我国公民身份证的编码规则如下。

　　身份证号码为18位，由6位数字地址码、8位数字出生日期码、3位数字顺序码和1位数字校验码构成。从身份证号码的第7位开始记录公民的出生日期信息，内容为4位年份+2位月份+2位天数。顺序码的奇数分配给男性，偶数分配给女性。

01 选择G3:G15单元格区域，按【Ctrl+1】组合键，弹出【设置单元格格式】对话框，单击【数字】选项卡，在【分类】列表框中选择"自定义"，在【类型】文本框中输入"yyyy/mm/dd"，如下图所示，单击【确定】按钮。

02 选择G3单元格，输入公式"=--TEXT(MID(F3,7,8),"#-00-00")"，按【Enter】键确认即可提取第1位员工的生日信息。

G3				×	✓	f_x	=--TEXT(MID(F3,7,8),"#-00-00")	
	A	B	C	D	E	F		G
1								公司员工
2	序号	工号	姓名	部门	学历	身份证号		生日
3	1	1127	张晓鹏	生产部	本科	310***196709206132		1967/09/20
4	2	1185	王明明	生产部	大专	310***195811131073		
5	3	1124	李学明	生产部	硕士	310***197903032000		
6	4	1224	刘朝阳	销售部	本科	310***196209121179		
7	5	1220	齐跃文	销售部	本科	310***197011220313		
8	6	1357	徐翔展	行政部	硕士	310***197811013954		
9	7	1385	巴洛洁	行政部	硕士	310***198204112417		
10	8	1425	冯中原	技术部	博士	310***198006262010		

> **TIPS**
>
> MID 函数的作用：从字符串中指定的位置处返回指定长度的字符。
>
> MID 函数的语法结构：
>
> MID(text,start_num,num_chars)
>
> MID 函数的参数说明：
>
> text 包含要提取字符的文本字符串，如果直接指定文本字符串，需用半角双引号引起来，否则返回错误值"#NAME？"；
>
> start_num 代表文本中要提取的第 1 个字符的位置，1 表示从文本中的第 1 个字符开始，依此类推；
>
> num_chars 指定希望 MID 函数从文本中返回字符的个数。

03 将鼠标指针放在G3单元格的右下角，待鼠标指针变为➕形状后双击，将G3单元格的公式快速复制填充到G4:G15单元格区域。

04 选择H3单元格，输入公式"=IF(MOD(MID(F3,15,3),2),"男","女")"，然后按【Enter】键。将鼠标指针放在H3单元格的右下角，待鼠标指针变为➕形状后双击，将H3单元格的公式快速复制填充到H4:H15单元格区域，即可提取出员工的性别信息。

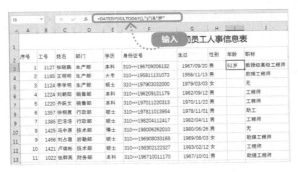

9.3.4　使用DATEDIF函数计算员工年龄

借助DATEDIF函数可以根据员工的身份证号码来计算员工的年龄或工龄。下面以计算员工年龄为例，具体操作步骤如下。

01 选择I3单元格，输入公式"=DATEDIF(G3,TODAY(),"y")&"岁""，按【Enter】确认即可计算出第1位员工的年龄。

02 将鼠标指针放在I3单元格的右下角，待鼠标指针变形状后双击，将I3单元格的公式快速复制填充到I4:I15单元格区域，计算出所有员工的年龄。

9.3.5 美化及打印设置

人事信息输入完成后，可以根据需要美化数据表。如果员工数量多，就需要多个页面才能显示全部员工信息，在打印时就要确保每一页都能打印出标题行，具体操作步骤如下。

01 选择A2:M15单元格区域，单击【开始】➡【样式】组➡【套用表格格式】按钮，在打开的下拉列表中选择【中等色】下的【蓝色，表样式中等色3】样式。

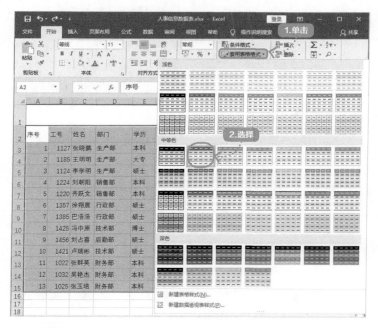

02 弹出【套用表格式】对话框，默认选择【表包含标题】复选框，单击【确定】按钮。

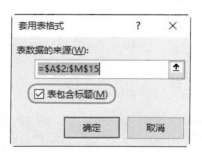

03 单击【表设计】➡【工具】组➡【转换为区域】按钮。

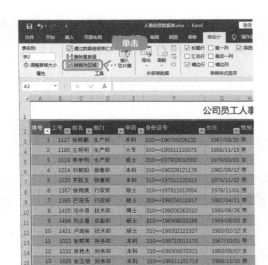

04 弹出对话框，单击【是】按钮。

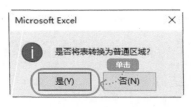

05 这样就完成了对人事信息数据表的美化，效果如下图所示。

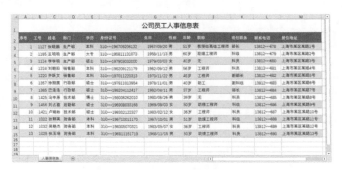

06 单击【页面布局】➔【页面设置】组➔【打印标题】按钮。

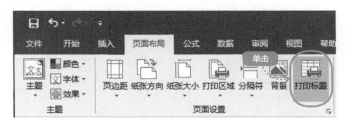

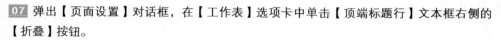

07 弹出【页面设置】对话框，在【工作表】选项卡中单击【顶端标题行】文本框右侧的【折叠】按钮。

08 弹出【页面设置—顶端标题行：】对话框，然后单击"人事数据表"工作表第1行和第2行的行号，第1行和第2行的四周会出现虚线框，单击右上角的【关闭】按钮。

09 返回【页面设置】对话框，单击【确定】按钮。

10 这样就完成了设置打印标题行的操作，单击【文件】➜【打印】选项，即可看到打印预览效果。

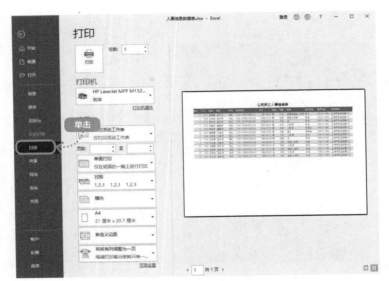